互联网时代背景下
高校网络学习中心系统构建

陆立华　著

CTPH 中译出版社
China Translation & Publishing House

图书在版编目（CIP）数据

互联网时代背景下高校网络学习中心系统构建 / 陆立华著. -- 北京：中译出版社，2020.2（2023.3重印）

ISBN 978-7-5001-6180-6

Ⅰ.①互… Ⅱ.①陆… Ⅲ.①高等学校－计算机系统－研究 Ⅳ.①TP303

中国版本图书馆CIP数据核字(2020)第021073号

出版发行：中译出版社
地　　址：北京市西城区车公庄大街甲4号物华大厦六层
电　　话：（010）68359827；68359303（发行部）
　　　　　68005858；53601537（编辑部）
邮　　编：100044
电子邮箱：book@ctph.com.cn
网　　址：http://www.ctph.com.cn

出 版 人：张高里
责任编辑：范　伟　吕百灵
封面设计：北京育林华夏
排　　版：北京育林华夏

印　　刷：北京合众伟业印刷有限公司
经　　销：新华书店
规　　格：710毫米×1000毫米　1/16
印　　张：13
字　　数：223千字
版　　次：2020年2月第1版　　印　　次：2023年3月第2次

ISBN 978-7-5001-6180-6　　定价：59.00元

　　随着计算机技术和网络通信技术的迅速发展，计算机网络的应用已经渗透到社会和经济领域的各个方面。数据无疑是新信息技术服务和科学研究的基石，和大数据处理技术已经成为信息技术发展的核心焦点。大数据处理技术的蓬勃发展也意味着另一场信息技术革命的到来。随着国民经济结构调整和产业升级的不断深化，信息处理技术的作用日益突出，大数据处理技术无疑将成为实现核心技术曲线追赶、跟随发展、应用突破和减少绑架在国民经济支柱产业信息化建设中的最佳突破口。

　　与此同时，大学计算机网络系统的建设不仅是促进信息化的基本保证，也是信息系统正常运行的关键环节。管理信息系统是企业或业务单元计算机应用的灵魂，网络系统集成管理信息系统是计算机设施、网络设备、软件技术方案组合的关键技术，在管理信息系统、网络管理信息系统中，在网站建设中发挥着越来越重要的作用。

　　工作系统通过合理规划、计算机设施、网络设备、软件产品等有机结合，搭建了信息技术应用平台，不仅为企事业单位的核心支撑作用，管理信息系统运行顺畅，功能强大，有力地促进和推动了国民经济信息化快速发展的进程。"网络体系建设"不仅是计算机专业的重要专业课程，还一个永久的计算机网络和软件相关专业的课程。本书以培养和提高学习者的应用能力为主线，坚持以科学发展观为指导，严格按照教育部"加强职业教育，突出实训技能"的要求，根据网络系统综合发展教学改革的需要，结合知识点的分步讲解。

本文以高校计算机系统为例，介绍了系统的原理、方法、技术、网络系统集成、集成布线系统的设计与实现，基于网络互连交换机、基于路由器的网络互连、服务器技术与系统集成、网络系统安全与管理，并通过指导学生培训、加强实践、加强技能培训。

本书在撰写过程中借鉴、吸收了大量著作与部分学者的理论作品，在此一一表示感谢。但由于时间限制加之精力有限，虽力求完美，但书中仍难免存在疏漏与不足之处，希望专家、学者、广大读者批评指正，以使本书更加完善。

作　者
2019年11月

目 录 CONTENTS

第一章

互联网大数据时代的概述

"大数据"看似简单，简单的术语，引发了新一波的数据世界上技术创新。世界上的数字可以包括数字电影、ATM银行数据（如奥运会）、机场和安全视频的重要活动、欧洲原子能研究所的大型强子对撞机亚原子碰撞记录、高速公路收费记录、通过数字电话线传输语音呼叫、日常通信中使用文本等。

据统计"数字世界"研究项目的IDC（国际数据公司），全球数字世界的规模在2010年1.227ZB，而达到的水平ZB（1ZB=1万亿GB）。相比之下，在2005年130艾字节，在五年内增加了9倍。这种爆炸性增长意味着，到2020年我们的数字世界将40zb，15年约30倍。仅在数量，40zb，57倍地球上所有海滩上的沙。如果所有的40zb数据存储在蓝光光盘，光盘的（不包括任何情况下或案例）重量高达424尼米兹级航空母舰（完整的位移约100 000吨），或5 247gb的数据为世界上每一个人。毫无疑问，我们已经进入了大数据的时代。

第一节　互联网大数据概述

一、大数据的概念与特征

（一）大数据的概念

对于"大数据"，Gartner将它定义为"大数据是信息资产高速增长和多样化，需要新的处理模式，具有较强的决策能力，洞察力和流程优化能力"。

根据麦肯锡的全球研究所给出的定义，与大规模数据集的范围大大超过传统的数据库软件工具在收购方面，存储、管理和分析有四个特点：大量的数据规模、快速数据流，不同的数据类型和价值密度低。

大数据技术的战略意义不在于掌握庞大的数据信息，但在专门处理这些有意义的数据。换句话说，如果大数据与行业相比，这个行业赢利的关键在于提高"处理能力"的数据，实现数据的"增值"通过"处理"。

从技术上讲，大数据和云计算是不可分割的一枚硬币的两面。大数据不能由一台计算机处理，但必须处理一个分布式架构。分布式体系结构的特点在于大规模的分布式数据挖掘数据，但它必须依靠分布式处理、分布式数据库、云存储和云计算的虚拟化技术。

随着云时代的到来，大数据吸引了越来越多的关注。大数据通常是用来描述大量的非结构化和半结构化数据由一个公司，它需要大量的时间和金钱去下载数据到一个关系数据库中进行分析。大数据分析通常与云计算有关，因为实时大数据集的分析需要一个像Map Reduce框架（MR）分发工作数十、数百，甚至数千台电脑。

（二）大数据的特征

目前，人们普遍认识到，大数据有四个基本特征：大量的数据、品种、高速数据处理和低Val的领带，这是所谓的"4v"功能。这些特性使大数据不同于传统数据概念。大数据的概念与"大数据"不同，它只强调的数据量。大数据不仅是用来描述大量的数据，而且还进一步指出了复杂的形式的数据，快速的时间特征数据，并进行专业的处理数据的能力来获取有价值的信息。

1. 数据量大

由大数据聚合的数据量是非常大的。根据IDC的定义，至少100tb的数据，可以分析可以称为大数据。大量的数据是大数据的基本属性。数据爆炸的原因有很多。首先，随着互联网的广泛应用，人们的数量，企业和机构使用互联网增加了，使它相对容易获得和共享数据。以前，只有少量的组织可以通过调查和采样，获得数据和组织公布的数据的数量也非常有限，使人们很难在短时间内获得大量的数据。现在，用户可以很容易地通过互联网访问数据，和用户可以通过故意快速提供数据共享和无意中点击和浏览。其次，各种传感器的数据采集能力大大提高，人们获得的数据接近原始的事物本身，和数据描述一样遍布。西初数据抽象原来的事情在某种程度上。数据维数低，数据类型是简单的。大多数数据收集、存储和安排的形式表。随着数据应用的发展，数据维度变得越来越高，和所需的数据来描述同样的事情变得越来越大。以最常见的网络数据为例。在早期，网络上的数据主要是文本和一维音频、较低的维度和少量的数据单位。近年来，二维数据，如图像和视频，出现了大规模的。然而，三维扫描设备的普及和Kinect和其他动作捕捉设备，数据接近真实的世界，和描述数据的能力不断增强。因此数据量本身必然会增加几何级数。此外，大量的数据也反映了一个根本性的改变在人们处理数据的方式和想法。在早期，人们认知事物的有限的获取和分析数据的能力。

人们总是使用抽样方法近似事物的全貌和少量的数据。样品的数量可以根据获取和处理数据的能力。无论多么复杂的事情，只要样品的一部分是通过采样和数据规模减少，可进行数据管理和分析利用技术手段。如何分析整个属性用最少的数据通过正确的取样方法成为一个重要问题。随着技术的发展，虽然整体样本的数量正逐渐接近原始数据，在一些特定的应用领域，抽样数据可能远离描述整件事，但是失去了很多重要的细节，甚至使人得到完全相反的结论。因此，有一种倾向，将直接处理所有数据，而不是采取样本。使用的所有数据会导致更大的精度，详细解释事物的属性，就不可避免地导致显著增加要处理的数据量。

2. 数据类型多

数据类型是多方面的和复杂的，这是大数据的一个重要特征。以前的数据，虽然大，但通常是预定义的和结构化。结构化数据是抽象事物的结果，使得它们更容易被人类和计算机存储、过程，和查询。在抽象的过程中，一些细节可以忽略在特定的应用程序，提取有用的信息。处理这样的结构化数据，我们只需要分析的意义的数据和相关属性数据，并构建表结构表示的属性数据。存储在数据库中的表中，数据格式统一，以后不管有多少数据，只需根据其属性，将数据存储在正确的位置，可以方便地处理、查询，一般不需要改变数据的数据显示为新数据的采集、处理、查询方法，有限的数据处理能力是计算速度和存储空间。这个属性的关注结构化信息，强调普及和标准化使传统数据处理线性增加的复杂性，和新的数据可以由传统的技术手段进行处理。然而，随着互联网的快速发展和传感器，大量非结构化数据的出现。非结构化数据没有统一的结构属性和困难是由表结构表示。除了记录数据值，它还需要存储数据结构，提高数据存储和处理的难度。如今，大多数在网上流动是非结构化的数据。人们不仅上网阅读新闻，发送电子邮件，但也上传和下载照片、视频，发送微博和其他非结构化的数据。同时，传感器在工作和生活的每一个角落不断产生各种各样的半结构化和非结构化数据。这些半结构化和非结构化数据和复杂的结构，不同类型和规模正在逐渐成为主流的数据。非结构化数据的数量已经占了总数的75%以上数据和非结构化数据的增长速度是10倍到50倍结构化数据。随着数据，新数据类型出现在无穷无尽。很难用一个或几个规定模型代表日益复杂和多样化的数据形式。这些数据不能整齐地排列，由传统的数据库表。大数据是在这样的背景下产生的。大数据和传统数据处理之间最大的区别在于关注非结构化信息。大数据集中在非结构化数据包含大细节，并强调利基和experience-oriented的特点，使得传统的数据处理方法面临巨大的挑战。

3．数据处理速度快

快速数据处理大数据的重要特征之一，是不同于传统的大规模数据处理。各种传感器的迅速发展和普及，互联网和其他信息获取和传播技术，数据的生成和发布变得越来越简单，和数据生成的方法是增加。个人甚至成为数据生成的主题之一。快速增长的数据爆炸的形式，新数据不断出现。数据量的快速增长需要相应提高数据处理的速度，这样可以有效地利用大量的数据。否则，不断飙升的数据不会带来优势解决问题，但成为一个负担迅速解决问题。同时，数据不是静态的，但通过互联网不断流动，通常这些数据的价值随着时间的推移迅速下降。如果没有有效地处理的数据，它将失去其价值和大量的数据将毫无意义。此外，许多应用程序需要新添加的da-xian数据的实时处理，如电子商务应用与大量的在线交互，它有很强的时效性。大数据以数据流的形式生成，快速流动的迅速消失。此外，数据流通常是不稳定的，和一些特定的时间段会突然激增，有明显的新兴特色的数据。而用户响应时间数据通常是非常敏感的，心理学实验证实，即时（3秒）是最容许极限从用户体验的角度。对于大数据的应用程序，在许多情况下，结果必须在第二个或即时生产，否则，处理结果是过时的和无效的。在这种情况下，大数据需要处理快速、实时连续。激增的需求实时处理大量数据的一个关键差异大数据和传统的大规模数据处理技术。

4．数据价值密度低

低密度是一个重要的属性数据值的非结构化大数据集中的数据。传统的结构化数据抽象事物根据特定的应用程序，和每一块数据包含应用程序需要考虑的信息。然而，为了获得所有事情的细节，大数据直接采用原始数据，保留了原始的数据，而不是抽象和归纳处理，没有抽样，通常采用的所有数据。减少采样和抽象，呈现的所有数据和所有的细节有助于分析更多的信息，但也引入了信息没有意义的甚至错误的很大部分。因此，与特定的应用程序相比，非结构化数据的价值密度大数据集中在较低。当前广泛使用的监视视频，例如，在连续不中断监视的过程中，存储了大量的视频数据，许多数据可能是无用的，对于特定的应用，例如对犯罪嫌疑人的物理特征的访问，有效的视频数据可能只有一或两秒，不与大量的视频信息相关联增加了数据获取有效的一到两秒的难度。大数据的数据密度低意味着为特定应用程序，有效的信息相对小于总体数据，信息是否有效也是相对的。对于某些应用程序，无效信息成为最重要的信息。数据值也是相对的。有时一个微不足道的细节数据可能造成巨大的影响。例如，许多人物的微博网络可以通过转发迅速蔓延，导致大量的相关信息，其价值是不可估量的。因此，为了确保有足够的有效信息新生成的应用程序，通常需要把所有数据。通过这种方式，一方面，绝对的数据量急剧增加；另一方面，有效的数据信息的比例不断减少，和数据值的密度降低。

从4V角度可以很好地看到传统数据与大数据的区别，如表1-1所示。

表1-1 传统数据与大数据的区别

属性	传统数据	大数据
数据量	GB, TB	TB，PB及以上
处理速度	数据量相对稳定，增长不快	持续、实时产生数据，增长量大
数据类型	结构化数据为主，数据源不多	结构化、半结构化、音频视频、多维多源数据
价值密度	统计和报表	数据挖掘、分析预测、决策

（三）大数据的来源与类型

大数据的数据可以来自互联网、物联网、行业或企业。互联网的数据主要由生成数据的门户网站，电子商务网站、视频网站、博客系统和微博系统。总量数据通常是PB和EB之间，这是巨大的。数据主要是通过电子设备数据的信息获取功能产生的，如相机、卡片设备、传感器、遥感设备等，这些设备产生的数据密度值较低，但数据量较大，通常在EB水平，如何存储和处理这些数据是大数据面临的挑战。数据主要是由行业或企业管理信息系统。常用的管理信息系统包括ERP（企业资源规划）系统、CRM（客户关系管理）系统，OA（办公自动化）系统和操作系统等等。总量之间的数据通常是GB和TB。

大数据的数据类型主要有非结构化数据、半结构化数据和结构化数据。非结构化数据是由图片、文本、音频、视频、日志、网页和其他内容。它是存储在文件中。结构化数据存储在分布式文件系统中。半结构化数据由位置、视频、温度和其他内容。它进入处理系统以数据流的形式，也是处理后存储在文件中。结构化数据也存储在分布式文件系统中。结构化数据的内容可以是任何的记录信息，在表的形式存在。结构化数据通常存储在分布式数据库系统。为不同类型的数据，通常是分布式文件或分布式数据库可用于存储和关系记录、文本文件或交通数据可用于数据处理。算法用于内容适用于不同的数据类型是不同的。

（四）大数据实例

大数据不是一个抽象设计人群激励和混淆。这是雪崩的结果数字世界各地的活动。大量的数据是由我们无意中。每天的一举一动我们将大数据上留下印记。

在现实生活中，一分钟甚至可能不是足以让一壶茶，但数据没有暂停生产。让我们看看多摩君的总结多少数据可以在一分钟内生成：You Tube用户上传新视频在48小时内；电子邮件用户发送204 166 677消息；谷歌（Google）收到了200万多个搜索查询请求；Facebook用户分享684 478动态；消费者在网上购物花费272 070美元；witter用户发送超过100 000条；苹果收到约47 000应用下载请求；品牌和企业在Facebook上收到34 722喜欢；Tumblr博客用户发布了27 778个动态；Instagram用户分享36 000个新照片；Flickr用户增加3 125新照片；Foursquare用户检查2 083次；571年创建新网站；Word Press用户发布了347篇文章；移动互联网获得了217个新用户。

数据还在不停地增长，并且没有慢下来的迹象。据中国互联网数据中心统计：

（1）淘宝网每天同时在线的商品数量已经超过了8亿件，平均每分钟售出4.8万件商品。

（2）Foursquare用户签到信息达到了200亿条。

（3）Facebook网站上每天的评论达32亿条，每天新上传的照片达3亿张。

（4）You Tube每天的页而浏览次数达到20亿次，一周上传15万部电影，每天上传83万段视频。

（5）新浪微博注册用户已超过3亿人，用户平均每天发布超过1亿条微博。

毫无疑问，地理空间数据的基础地理信息产业。进步的数据收集、分配、管理和处理技术，地理信息的数量呈现指数增长的趋势。

1∶5万地形图是国家基本的中国地图。精度最高的地形图，覆盖整个区域按照规定。基础地理信息数据库是一个1∶5 000映射系统由计算机管理系统。1∶5万基础地理信息数据库最初建于2006年，总5.3tb的数据量，相当于8 000光盘的存储容量。到2011年，数据库更新项目已经完成了更新和改进查证19 150地形图，处理超过200 000航拍照片和8000年卫星遥感图像，和项目结果的数据量达到12.3tb。该项目还建立了一个新的数据库管理和服务体系。

2006年，谷歌学术论文显示，谷歌地球（Google Earth）的数据量已经达到70.5tb，包括70tb的原始图像和500gb的索引文件。2010年，估计谷歌地球至少需要500 000字节（约500pb）的空间来存储其表面的图像。

另外，还有一些新兴的与位置相关的大数据。

（1）个人位置数据（Personal Location Data）。其主要来源是设备配备GPS（全球定位系统）芯片和移动基站的位置（可以识别近50亿全球移动设备）。2009年，全球个人位置的数据量已经达到1~3pb，并正以每年20%的速度增长。个人位置应用程序服务提供商将带来1 000亿美元的收入和7 000亿美元的价值在2020年最终用户。

（2）地理位置的照片和视频。地理标记添加地理标记的元数据的过程，地理空间元数据的一种形式，照片、视频、网站、短信等等。Flickr上有近2亿标记照片和短片。

（3）可地理定位的超文本网页。项目点是地理空间属性的组合，如经度、纬度、海拔、坐标参考系统，大地参考系统等。维基百科有超过544万个地理编码条目（tb）。

让我们看看公司EMC（电磁兼容），作为大数据的支持者，我们生活可以帮助我们获得新的见解。

（1）在过去的十年中，EMC运送11.6艾字节存储，或24%的外部存储容量。字段，生成大数据主要包括医学影像、数字音乐、数字照片，智能电网视频监控、基因测序、社交媒体和手机传感器。

（2）纽约-泛欧交易所使用软件来分析和归档所有订单处理在美国市场。在2011年，超过20亿的订单进行了分析和提出平均每天。

（3）Broad Institute（博德研究所）使用10PB的存储容量执行基因测序。基因测序公司Ambry Genetics的数据通以每年100%的速度增长。

（4）传奇3d为变压器提供了特效，蓝精灵、雨果和蜘蛛侠。电影的生产期间，400年的表演艺术家生成每周超过100tb的数据。

（5）美联社提高了高清视频的访问速度。其数据量从2012年的800TB增加到2013年的2.5PB。

（6）2011年，Linkedln（领英）会员在平台上进行了近42亿次专业化搜索。2012年这个数字超过了53亿。

（7）在技术的支持下，银泉智能电表可以分析数据从超过1米。

（8）国家棒球名人堂博物馆运营平台，存储500 000张照片，300万年12000小时的音频和视频文件和40 000三维工件。

（9）eBay（易贝）拥有900万用户，每天存储和管理的对象超过5亿个。

（10）JFX档案从个人持有840万份文件，国会和总统，以及4 000万年从人与政府相关的文件。它还包含400 000照片，9 000小时的音频和1 200小时的视频。

（11）立体D和豪华娱乐使用技术来实现3D渲染。在未来，3d电影数据的数量预计将达到10pb。

（12）约翰威利，200岁的出版商，增加了存储来自15个字节到150字节的数据量在2010年和2011年之间的交互式音频和视频内容市场扩大。

（13）富勒姆，一个美国足球队，使用设备来存储所有的闭路电视摄影机。27个相机它使用高分辨率，可以阅读数字60米开外。

（14）Digital Globe的图像库使用了2PB的存储容量，存储了18.7亿平方千米的地球图像。

（15）美国国会图书馆每年可对75万到100万条书目进行数字化。

（16）Com Score公司每个月可以处理1万亿份客户记录，远远超过2011年的每月4 730亿份。

二、大数据的发展与前景

（一）大数据的发展历程

作为一个适当的词，大数据已迅速成为世界上的一个热门话题，主要是因为互联网的快速发展、云计算、移动通信和互联网近年来的事情。无处不在的移动设备、无线传感器、智能设备和科学仪器生成数据一天每一秒，和互联网服务数亿用户生成大量的交互式数据每一秒。要处理的数据量太大，数据增长的速度太快，和业务需求和竞争压力提出了更高的要求实时和有效的数据处理，不能由传统的技术手段。

自2009年以来，大数据已逐渐成为互联网信息技术产业的重点。2011年5月，麦肯锡全球研究所发表的一篇题为"大数据，"下一个前沿的创新，竞争和生产力"，正式提出了"大数据"的概念。报告描述了数字数据的状态和越来越大的作用在每一个部门和经济区域，并提供足够的证据表明，大数据可以显著促进国民经济和整个世界经济创造实质性的价值。

这份报告也研究五个方面来看看大数据创造价值，并检查其变革的潜力。美国五个领域包括卫生保健、欧洲联合公共部门管理、美国零售，全球制造业，和个人地理信息。这些五个领域代表不仅仅是全球经济的核心，也是一系列区域性的观点。通过这五个方面的详细分析，该报告提出了五个普遍适用的方法，可以利用大数据的变革潜力创造价值如下。

（1）创造透明度，让相关人员更容易地及时获得大数据，以此来创造巨大的价值。

（2）通过实验来发现需求、呈现可变性和增强绩效。越来越多的公司正在收集和存储大量的非常详细的业务事务数据以数字形式。因为你不仅可以访问数据，但有时生成控制的条件，最后决定可以完全不同。事实上，这是更科学的方法引入到管理。特别是，决策者可以设计和实现实验和严格的定量分析后做出决定。

（3）细分人群，采取灵活的行动。使用大数据，您可以创建好，简化服务和更准确地满足客户的需求。这种方法在市场和风险管理中是很常见的，以及在公共部门管理等领域。

（4）用自动算法代替或帮助人工决策。复杂的分析算法可以大大优化决策，降低风险，和发现有价值的见解，而大数据可以提供开发所需的原始数据或操作复杂的分析算法。

（5）创新商业模式、产品和服务。由于大数据，公司所有类型的创新产品和服务，改善现有产品和服务，开发全新的商业模式。

这份报告在互联网上引起了强烈的反响。在报告发布之后，"大数据"迅速成为热门概念在计算机行业。在这之后，国际巨头包括IBM、微软（Microsoft）和EMC已经意识到技术集成，积极部署大数据战略通过收购大数据相关制造商。2011年5月，EMC举办全球会议主题"云计算与大数据"，尽管IBM推出了大数据分析软件平台Info Sphere BigInsights和Info Sphere Streams，Hadoop与IBM开放源码平台系统的集成。从2011年7~8月，雅虎（Yahoo），EMC和微软基于Hadoop先后推出了大数据处理产品。

2012年1月，大数据成为达沃斯全球经济论坛的主题，瑞士。论坛发布了一份报告，题为"大数据，大影响"，宣称数据已经成为一个新的经济资产，就像货币或黄金。

2012年3月，美国政府宣布了一项2亿美元的投资在大数据并将它定义为"新石油的未来"。白宫科技政策办公室发布了大数据研究和发展计划3月29日，2012年，形成了"大数据高级指导小组"。此举标志着美国如何应对大数据技术革命带来的机遇和挑战，国家战略的水平，整体动员模式的形成。随后，有一个狂热的世界各地的大数据。

2012年7月，联合国全球脉搏计划发表白皮书"大数据的发展，挑战和机遇"。该计划旨在为宏观经济发展决策提供支持从互联网上，通过分析实时数据和提供更及时了解人们面临的诸多困难和挑战的并提出改善这些条件决定。

2012年10月，中国计算机学会建立了大数据的专家委员会。委员会的目的包括三个方面：探索核心大数据的科学和技术问题，和促进学科的建设和发展方向的大数据；建立学术交流、技术合作和大数据的数据共享平台行业，大学和研究。提供战略意见和建议在大数据研究与应用相关的政府部门。委员会还确定了五个工作组，分别负责组织会议（学术会议和技术会议）与大数据相关，学术交流，industry-university-research-application合作，开源社区和大数据共享联盟等等。这是建立大数据领域的信息技术。

（二）大数据的机遇与挑战

对于今天的企业来说，大数据是一个伟大的商业机会和巨大的挑战。企业的快速发展，数字世界创造的大量数据需要从数据中提取价值的新方法。结构化和非结构化数据流背后一些答案。但公司甚至不认为问这些问题，或者还不能够因为技术限制。大数据迫使企业寻找新的方法来访问数据，找出里面是什么及如何使用它。最新发展存储、网络和计算技术使企业经济和有效地利用大数据，使它成为一个强大的商业优势的来源。

Forrester Research估计，公司有效地使用不到5%的可用数据，因为费用的处理。大数据的技术和方法是一个重要的进步，因为他们允许公司处理经济和有效地忽略了95%的数据。如果两家公司使用数据以同样的效率，一个处理15%的数据，另一个只有5%，这是更可能赢？如果公司可以利用大数据来改善策略和执行，这意味着它们脱离他们的竞争对手。

在正确使用的情况下，大数据带来的见解，帮助开发、改进、和重要的业务重组计划，发现操作障碍，简化供应链，更好地了解客户，并开发新产品、服务和商业模式。虽然公司有一个清晰的理解大数据的有用性，大数据的路径生产力尚不清楚。成功使用大数据洞察力需要真正的成熟技术的投资，新员工技能和领导能力的优先事项。

企业感觉到大数据的商业价值和清楚地意识到，他们必须加快大数据的发展为传统意义之外的商业智能。该方法应用数据分析在每一个决策的核心。

以消费品生产和零售业为例。从1970年代到1980年代初，包装消费品制造商和零售商称为AC尼尔森的双月市场报告时开展他们的业务。这些报告提供竞争对手和市场数据（如收入、体积、平均价格、市场份额等等），制造商使用，以确定销售、营销、广告和促销策略，计划，与渠道合作伙伴相关费用（如经销商、批发商和零贷款）。到1980年代中期，信息资源有限公司（IRI）是促进自由销售点的安装扫描仪，称为POS机，在零售店销售数据交换。零售商愉快地接受了交换，因为劳动是他们的最大成本组件，因为他们有一个有限的理解POS数据的价值。这POS数据，认为大数据，改变了游戏规则，企业运行的方式，行业内的权力（制造商和销售商之间）发生了变化。数据量从MB到TB，形成新一代的存储和服务器平台，以及分析工具。尖端像沃尔玛这样的公司利用这个新的大数据和分析平台和工具来获得竞争优势。公司率先开发了新的大数据类、分析类、驱动类业务应用，以成本有效的方式解决了以往无法解决的业务问题，如基于需求预测、供应链优化、交易支出有效性分析、市场篮子分析、分类管理和商品排列优化、价格/收益优化、销售管理和客户忠诚度方案。三十年后，这一切似乎回到方式。开发新的、低延迟、细粒度和不同的数据源（大数据）有潜力改变企业和产业运作的方式。这些新数据源来自一系列设备，客户交互和业务活动，揭示洞察企业的价值链和行业。随着这些新、更详细的数据来源，公司已经发现以前未被认识的商业机会，导致一系列新的业务应用程序。然而，为实现这一目标，新平台（基础设施）和工具（分析）是必要的。

需要一个新的数据分析平台，为业务和技术竞争优势。新平台有一个更高层次的大规模数据集的处理能力，使公司能够不断提供见解大数据，固有的可操作性，实现无缝集成（位置免费）与用户的网络环境。这一新的分析平台允许公司展望未来大量的数据和提高业务决策，把公司从旧的方式回顾报告。

然而，处理新的大数据，对平台提出了如下三个重大的挑战。

1．线性可扩展性支持分析大型数据集

（1）可实现对大规模数据集（TB级到PB级）的分析。这是至关重要的，因为大多数大数据项目开始小但快速增长的业务继续使用它们。

（2）对海量数据的利用意味着能以完全不同的方式解决业务问题。

2．低延迟数据访问有助于加快决策

（1）许多商机都是一闪即逝的，所以只有那些能够最快地从数据中发现商机并采取行动的企业才能实现商业价值。

（2）缩短数据事件与数据可供使用这两者之间的时间，让运营分析成为现实。

3．集成数据分析帮助实现新业务应用程序

（1）将分析集成到相同的环境数据仓库和商业环境加速分析生命周期过程，使分析结果实施或更快地采取行动。

（2）业务用户是饱和的数据、图表和报告选项，不管他们有多么优雅的推出，没有太多的需求。业务用户需要一个解决方案，它可以找到并提供可操作的实质性的洞察他们的业务。

新平台有助于实现类型的数据分析，以便企业可以大大加快分析过程和更容易整合分析结果回数据仓库和商业环境。在这个过程中，它将带来一些新的商机。

大数据是一种"破坏性"的力量席卷所有部门、行业和经济。不仅企业信息技术体系结构需要改变来适应它，但几乎每一个部分的企业需要适应它所提供的信息，它显示的见解。数据分析将成为业务流程的一部分，而不是一个独特的功能只能由训练有素的专业人员执行。

而这仅仅是一个开始。一旦公司开始使用大数据来了解，基于这种观点已经证明他们所采取的行动可能提高他们的业务。将焦点小组访谈和客户调查过时如果营销部门能即时反馈关于新品牌促销通过分析社交网络评论？新公司价值的敏锐理解大数据不仅可以挑战现有的竞争对手，但是也可以开始定义他们的行业运行的方式。为公司努力工作，迅速理解之前未捕获的概念，如情感和品牌认知度，

与顾客之间的关系就会改变。

利用大数据的潜力需要一个全面的方法来管理数据，分析和信息情报。在每一个行业，公司率先使用大数据将能够提高运营效率，创造新的收入来源，发现差异化竞争优势和全新的商业模式。企业应该从战略角度考虑如何准备大数据的发展。

（三）大数据的发展前景

因为特殊的价值或隐含的大数据，它是新时期石油和黄金相比，甚至被视为"一个新的经济元素平行于资本和劳动力"。也就是说，大数据不仅起着重要的作用在形成产品的生产过程和生产价值，但也作为一个生产要素资本和劳动力，这是一个不可缺少的元素在产品生产和最终产品不可分割的一部分。

根据大数据产业生态战略研究报告的赛迪咨询公司在2012年，大数据将在以下三个方面发挥巨大的作用。

1. 大数据为新一代信息技术产业提供核心支撑

大数据问题的爆发及世界上大数据概念的普及是现代信息技术的发展的必然阶段。互联网和移动网络的快速发展使得网络基础设施普及和网络带宽正在扩大。最新的移动4gLTE网络将支持峰值166mbps的下载速度和下载蓝光电影仅仅4分钟，让人们随时随地访问数据。崛起和发展云计算、物联网、社交网络和其他新兴事物使新生成的数据以前所未有的速度。例如，随着智能电表的普及，电表的数据收集的频率从一天一次增加到每隔15分钟，即每天96次。数据收集总规模将达到近20 000次。大数据是信息技术和社会发展的产物，和大数据解决方案将促进真正地实现和应用云计算、物联网等新兴信息技术。大数据正在成为融合的核心应用程序的新一代信息技术在未来，提供坚实的支持云计算、物联网、移动互联网等新一代信息技术相关的应用程序。

2. 大数据正成为社会发展和经济增长的高速引擎

大数据包含巨大的社会、经济和商业价值。大数据市场的井喷生出大量的新模型，新技术、新产品和新服务的大数据市场，从而促进信息产业的加速发展。与此同时，大数据影响我们工作的方方面面，生活和学习，从国家发展战略、区域经济发展和经营决策个体的日常生活。

从国家发展战略的角度，大数据是至关重要的全球经济，国民经济和民生，政策和法规等。正是因为这一原因，美国政府提出了大数据的研究和开发国家战略层面。事实上，奥巴马的连任依赖大数据的力量。奥巴马团队的数据分析团队的重要性，被称为"核代码"是明确的。他的数据分析团队一直在收集、存储和分析选民在大选前两年的数据。很多选举的策略是基于这些数据的分析，包括如何筹集资金，如何投放广告，如何吸引摇摆州的选民和如何开发一个竞选策略，晚些时候，奥巴马应该移运动。

在区域规划和城市发展方面，大数据将发挥不可或缺的作用，中国正在大力建设"智能城市"。智能城市的本质是通过各行各业协会的数据，分析和挖掘模式和情报，从而形成城市的智能联动。每个进程从数据收集到数据分析和挖掘，以及智能决策的形成，离不开大数据的支持。智能城市建设将有效地促进政府事务和社会化管理，改善民生，发展生产，形成一系列的新一代的智能工业应用具有地方特色和明确的操作模式。

在企业发展方面，大数据将帮助企业深入探索和利用数据的价值，完成智能决策、提高效率和节约成本在企业操作。在市场竞争中制定正确的市场策略，把握市场机遇，规避市场风险；在营销完全把握用户的需求，实施精准营销和个性化服务。企业决策从"应用"转向"数据驱动"。企业可以有效地使用大数据并将其转化为生产力将核心竞争力，成为行业的领导者。

在个人生活方面，大数据已经深入参与各个领域与我们的生活密切相关，如休闲、娱乐、教育、卫生等领域，我们可以看到大数据的应用。智能终端的普及，让我们与大数据在指尖。例如，我们每天发布微博和更新更新，使用微信朋友与语音交互，文本和图片，参与在线课程，穿健康监控手镯监测心跳和睡眠等等。所有这些都离不开支持大数据平台的数据存储、交互和分析。

3. 大数据将成为科技创新的新动力

所有行业的实际需求大数据可以孵化，产生大量的新技术和产品来解决大数据问题，促进科技创新。同时，数据将有助于产业的深入使用挖掘潜在应用需求，商业模式，从数据管理模型和服务模型，这些模型的应用将成为驱动力为新产品和新服务的发展。的云计算和大数据平台的建设和发展也为科技创新提供了极大的便利。例如，对于新的大数据应用程序的开发，由于大数据的存储和分析相应的提供者和接口，开发人员只需关注应用程序模型和接口，这将大大降低开发难度，节省开发成本和缩短开发周期。政府和行业也在努力推动开放数据。例如，美国推出了开放政府计划和建立网站WWW。数据，政府"。政府运作的所有相关数据发布在网站上，人们可以很容易地找到，下载和使用这些数据。实践证明，开放数据公开数据可以更有效地使用，可以促进数据交叉融合，将生新的创新点。

（四）大数据变革及趋势

1．基于内存处理的架构

大数据技术的核心是采用分布式技术和并行技术和分发数据分解成部分的处理，而不是依靠一个强大的硬件设备进行集中处理。例如，Hadoop集群平台是一个分布式并行存储和计算，支持大数据建立在廉价的个人电脑（pc）。然而，目前，学校由伯克利大学学者提出了更先进的大数据技术的解决方案。火花的平台，由伯克利大学100倍比Hadoop处理能力，实现起来要简单得多。基于相同的Map Reduce框架，为什么引发近100倍的效率比Hadoop吗？原因是引发独特的内存使用策略，所有中间结果存储在内存中尽可能避免耗时的中间结果磁盘写操作。火花已成为Apache孵化器和得到大的互联网公司，包括IBM和雅虎，这表明战略在业界的影响力越来越大。伯克利给提出的超光速粒子项目充分发挥理论的记忆。速子是一个高度可靠容错分布式文件系统，它允许文件共享集群中的框架内存的速度。超光速粒子工作集文件缓存在内存中，并允许不同的工作/查询和框架在内存速度访问缓存的文件。因此，超光速粒子可以减少您需要访问磁盘的次数来获得数据集。

通过最大化内存和屏蔽性能的磁盘I/O成本在传统的系统中，可以提高系统的性能由数百次。但当人们使用内存作为他们的主要数据存储时，总有两个问题。

（1）如何满足存储量的需求？目前，随着硬件技术的发展，大容量内存的生产成本大大降低，甚至在家里的电脑可以很容易地读8gb和16gb的内存。据预测，在十年之内，tb的内存可用，和数据存储器可能不再是一个问题。

（2）内存是易失性存储，数据如何持久化？内存数据将丢失在停电或紧急情况下，的主要原因之一是人们不想使用内存作为主要数据存储。从的角度单独的机器内存存储数据确实有很大的风险，为了解决这个问题可以从两个角度考虑。

首先，明确数据持久性意味着什么。传统上，数据持久性被定义为将数据放置在硬盘等介质。但在持久的感觉，如果可以随时读取数据，而不是丢失，我们可以称之为数据持久性。因此，当一个系统从一个独立的分布式体系结构，它可以假定系统是持续只要集群中至少有一个正确的数据可以在任何时候阅读。例如，Hadoop具有数据备份是持久化概念下的大数据技术的体现。因此，在大数据时代，可以保证数据的完整性和可靠性通过分布式multi-share存储。

其次，全面推广的固态硬盘（SSD），内存+SSD的硬件架构将被应用的越来越多。充分利用内存进行快速读写，同时以顺序写入的方式在SSD中记录操作，确保机器在恢复时可以通过日志再现数据，这也是实现内存数据持久化的有效方案。

总之，随着硬件的发展和分布式系统架构的普及，如何更好地利用内存和提高计算效率将大数据技术的发展的一个重要问题。

2．实时计算将蓬勃发展

大数据问题的爆发引发了大规模存储和处理系统，如全球Hadoop及其推广应用。然而，这样的平台只解决问题的大数据存储和离线处理。与数据的不断增加，以及巨大的价值潜力的不断认识和探索隐藏的数据在不同的行业，人们对大数据处理的及时性的需求将继续增加。在当今快速发展的信息世界中，一个企业的生存取决于其分析数据的能力和明确和明智的决定。随着决策周期不断缩短，许多公司不能等待缓慢的分析。例如，在线社交网站需要实时统计用户的连接，文章和其他信息；零售商需要促销计划根据客户数据在几秒钟内，不是几个小时；金融服务公司需要完成在线交易的风险分析分钟而不是数天。未来大数据技术必须提供高速和持续的数据分析和处理实时应用程序和服务。

3．大数据交互方式移动化、泛在化

持续改进的后台处理能力和大数据的及时性，以及全面地收集和深度集成的数据在不同的行业，多维和全面分析和显示的数据将形成。快速发展的移动互联网，尤其是流行的移动终端和4g技术，可以有效地分离的显示和交互数据的后台处理功能，但与此同时，它可以有效地通过移动网络连接它们。新兴的可穿戴设备和技术可以感知或收集周围环境信息随时随地和我们自己的数据，并把它们与云存储和处理提供实时数据交互服务工作、生活、休闲、娱乐、医疗和其他方面。可以预测，在不久的将来，收集、展示和互动的大数据肯定会发展的方向移动，实时和无处不在。

第二节　互联网大数据的相关理论

一、数据科学理论

在探究生产要素理论和数据创新理论的过程中，我们发现，从数据和数据微观理论的角度，更准确的定位是数据理论，所以我们必须建立一个比较完整和宏观的数据科学体系。只有宏观理论的基础上，我们才能进一步学习和扩大。

在我们看来，如果我们放大数据科学的宏观理论，我们必须关注三个方面：一是广泛和详细的基本概念；第二是理解的基本属性数据；第三个是观察和发展几乎新的科学体系与新思想和视野。

（一）广义数据的定义

原始数据的基本概念是通过科学实验，检验和统计数据和用于科学研究、技术设计、验证和决策，或值根据不同的统计，计算，科学研究或技术设计。

今天与信息技术的快速发展，各种行业的需求改变了定性数据。原始数据的基本概念不再能满足社会发展的需要。因此，必须及时修改和扩展。对数据的初步定义如下：在自然和人类文明的发展过程中，当所有的物质和意识以某种形式或语言记录下来时，它们会形成可见的和不可见的载体或媒介，这些载体或媒介所承载的内容将被视为广义数据。和数据的原始概念，我们可以定义为狭义上的数据。

广义的概念数据的起始点，数据科学的基础和核心。其代将极大地促进概念的内涵和外延，数据本身更加丰富，使人类文明的延续和发展有一个更强大的武器，甚至可以全面覆盖历史包容量和语言和文本的意义。在当今社会，科学和技术的发展支持新值的80%，广义的概念和思想的数据肯定会给人们一个巨大的想象空间，然后整合，刺激并重新创建更多的创新想法，生产方法和新生态链和生态圈。

（二）数据的基因特质

数据有许多人类没有关注到的特性，最鲜明的特性主要有以下七个方面。

1. 数据的准确性、实时性、全面性

这是一个属性包含在原始缩小数据的概念，但这些属性并不占有重要的地位在最初的概念。通常情况下，样本数据和事后分析用于预测事物的发展和原因。随着大数据的发展今天，这三个属性的功能和意义大大增强，甚至成为人们永久的目标奋斗。

2. 数据的可复制性和继承性

广义数据概念，主观和客观数据本身的进化，重现性和继承的意义将会无限放大。这是一个想法，可以没完没了地让人遐想。

3. 数据的可见和不可见的规律性

有形和无形的规律完全打破了传统观念的数据，并使数据成为客观的物质存在和意识形态。

4. 数据的跨界、跨领域的关联性和重组性

跨境、跨域协会的性质和重组将数据本身的发展。随着技术的进步，这种传播模式，扩展主观或客观，将创新和创造的最直接的发展道路。然而，人类也将面临前所未有的挑战和危机。

5. 事物的泛数据化倾向特性

一切都可以理论上datatable，数据科学的基本概念和终极目标。在某种意义上，数据科学将承运人和所有自然科学和社会科学，媒介和外部表现的科学继承。

6. 数据的安全性和可靠性

广义数据给了人们一个巨大的想象空间，但安全性和可靠性造成的问题也成为一个重要的衍生品发展的文明。这些问题将当前数据面临的最大障碍。

7. 数据的突变性及裂变性

裂变是病毒发展的基本路径，有助于实现高速。但突变数据的最大的敌人。随着人工智能的发展和其他信息技术、突变将原先越来越多的和不可预见的。在生物学中，99%的突变导致邪恶，只有1%在进化过程中，但这必须革命性的进化。

它可以预测，广义数据也有这个属性，这就需要我们高度关注和严格的防御。

信息系统是应用程序数据的平台和工具。在实际操作中，人们的各种要求系统在本质上要求的数据。作为最基本的细胞元素的信息，数据的定期信息单位已知最小的物质存在，和它的功能是决定性的。人们对这个最小的单位进行科学、系统的研究和开发，发现和应用好数据的规律和属性，将大大促进人们理解和掌握事物的发展规律，为许多预测提供理论依据和证据，这是新信息化建设的基础和核心。

使用这些特性，我们可以解释为什么新一代信息技术发展速度超过我们的想象。其实质是，重组，隐式表示和突变数据发挥积极作用，创造惊人的新事物和发展模式。

（三）数据生产要素理论

在大数据时代，数据的本质正在发生根本性的变化。记录过程的基础数据已从生产要素。原始的生产要素可以大致分为能源、矿产、土地和其他自然资源、劳动力和资本（如货币或货币等价物）。在过去一段时间，我们也模糊技术和信息分为生产要素，但这种观点是不够准确的。现在，我们可以清晰而坚定地相信数据是生产的一个重要因素。这个定义不仅可以描述数据，技术和信息的载体和表现形式，但也准确地描述数据，今天的科学和技术的核心。

在任何一种原有的生产方式中增加一种新的生产要素，就会改变原有生产要素的权重，促进生产要素质量的演变，形成新的爆发式增长，甚至是技术和工业革命，从而极大地促进了人类文明的进步。数据、生产因素必须扮演好这个角色。

数据生产要素还具有与原有生产要素相互转化的作用，具体分为以下两种形式。

（1）原有生产要素转化为数据生产要素的倾向。根据生产要素重新配置数据，原始生产要素的现有形式不变，但记录生产要素的数据需要单独提取，进行整体生产要素的配置和调配，然后根据调配结果和需求，进一步定义下一周期数据的属性和内容。一遍又一遍，整个过程不断优化，无限接近最佳的解决方案。在这一周期、数量、内容、属性、结构、内在价值和战略意义的数据将大大改变，这将完全改变人们的原始数据，使数据变得pan-digital的概念。

例如，阴霾困扰中国主要由二次污染物，其粒径小于10微米，主要来自能源和工业污染，其次是汽车排放。是我国的初级能源，如果我们能够对煤炭的转化过程和内容进行深入研究，对发达国家的历史进行大数据分析和数据和历史事件，同时在研究一种污染的同时，注重形成二次污染规律和吸附特征，我们就不会如此广泛地威胁到严重污染的健康和经济发展，不要浪费很多人力部署整流结构和生产过程。从目前的科技发展水平和研究结果，研究数据可以和不是很难获得，监控成本不高，治理和替代可以逐步探索和实现手段。换句话说，烟雾可以改善的问题。但问题是，我们一直坚持广泛的生产和开发模式，不关注新技术的开发和应用，而不是建立科学发展的概念。我们已经习惯了赚钱和生成GDP，以同样的方式甚至无视科学、准确的数据。我们付出了沉重的代价。从本质上说，我们认为，事件和数据应通过大数据提取并排除，从而产生严谨、科学、信息完整的数据量。同时，综合考虑各种原因的优点和缺点，总体协调生产的每个因素的权重，形成科学合理的全面的实施方案，对我国的经济发展是至关重要的。

（2）当数据生产要素被用作催化剂和互动媒体，原始的生产要素相互作用，和各自的整体重量转换成对方，导致倾向于接近优化方案。例如，在产业升级的实践，突破是我们应该数字化尽可能地生产要素，并使它们准确，完整的、实时的和相互联系的。如果我们可以，我们可以做数据创新技术升级，从而带来了工业革命。如果完全集成的物流数据，体重匹配的能量，立即可以优化人力资源和资本。学生学习的智能处理数据可以立即改变学校资源的分配结构，能源、交通、教师人力资源和工业管理资源，甚至带来教育行业的革命，从而实现真正的智能教育和素质教育。

二、大数据相关概念与理论

（一）数据分片与路由

在大数据的背景下，数据规模从GB级别交叉铅水平。很明显，一台机器不能存储和处理这些数据，和只能依靠大规模集群存储和处理这些数据。因此，系统的可伸缩性已成为一个重要的指标来评估系统的质量。为了支持更多的数据，传统的并行数据库系统通常采用的方式扩大，也就是说，机器的数量没有增加，但问题是解决通过提高硬件资源的配置。目前主流的大数据存储和计算系统通常采用扩展来支持系统的可伸缩性，即获得横向扩张能力通过增加机器的数量。因此，对于大规模数据存储和处理，碎片应该使用/分区段和分发数据不同的机器。数据切分后，如何找到一个记录的存储位置成为一个不可避免的问题有待解决，这通常被称为数据路由。

分片和数据复制是紧密相关的概念。对于大规模数据，系统的横向扩张可以实现通过数据分片，虽然可以保证数据的高可用性数据复制。目前，大规模存储和计算系统采用常见的商业服务器硬件资源池，和不同形式的失败经常发生。为了确保可用的数据仍然可以被频繁失败的情况下，相同的数据需要被复制并存储在多个地方。与此同时，数据复制也可以增加读操作的效率。客户可以选择一个相对较近的物理距离多个备份数据读取，这不仅增加了并发的读操作，也提高了阅读效率的一个阅读。

（二）数据复制及其基础理论

在大数据存储系统，为了提高系统的可用性，相同的数据通常存储在多个副本，该行业的惯例是三个备份。将数据转换成更多的数据，除了增加存储系统的可用性外，还可以增加读取操作的并发性，但这可能会导致数据一致性问题：由于同一数据有多个拷贝，许多客户端在并发读取书面请求时，如何维护一致的数据视图是非常重要的，即使外部用户的存储系统看更多的拷贝数据，其性能也应该是单一的拷贝数据。

1．CAP理论

教授在2000年，加州大学的Eric Brewer伯克利，提出了著名的上限理论，分布式系统不能满足这三个需求的一致性、可用性和分区容忍在同一时间，但最多可以满足两个需求在同一时间。2002年Seth吉尔伯特和南希·林奇的麻省理工学院的证明，盖是正确的。根据上限理论，一致性（C）、可用性（A）和分区容错性（P）不能在同一时间。而不是把精力浪费在一个完全分布式系统设计满足C，A，P，系统架构师应该看权衡，满足实际的业务需求。

2．CAP定义

C：一致性。一致性意味着事务是不可分割的操作，事务完成或不完整，事务并不是完成了一半。这个事务的原子性使数据一致。任何读操作总是可以读前面的写操作的结果。在分布式环境中，多点数据要求是一致的。

一般来说，"脏数据"在数据库中显示的数据不一致，不一致在一个分布式系统是一个读/写数据时数据不一致的迹象。例如，当两个节点数据冗余，第一个节点有一个写操作，第二个节点的数据并不是有效的更新后的数据更新、数据不一致会发生在第二个节点是阅读。

A：可用性。每个操作总是在一定的时间内返回，这意味着系统总是可用的。好的可用性主要意味着系统可以很好地服务于用户无需用户操作失败或访问超时和其他不良的用户体验。在分布式系统中，可用性是常与分布式数据冗余、负载均衡等。

P：分区容错性。在网络分区的情况下（如网络中断），分离系统可以正常运行。容错分区密切相关的可伸缩性。在分布式应用程序中，一些分布式的原因可能会导致系统无法正常工作。好分区容错性要求应用程序是一个分布式系统，但它似乎是一个功能整体。

3. CAP原理分类

传统的关系数据库属于CA模式，因为它需要保证数据的强一致性和可用性。分区容错性是分布式数据库系统的基本要求，所以只有CP和美联社选项。CP模式保证了数据的一致性分布在不同的网络上的节点，但它支持可用性不足。这种系统主要包括Big Table，HBase MongoDB，复述，MemcacheDB，BerkeleyDB等等。美联社模式主要是实现最终一致性（Eeventual之间的一致性的），确保可用性和分区容错性，但是削弱了请求数据的一致性和典型系统包括夏特蒙特，卡桑德拉，东京内阁，CouchDB，支持等。

HBase和卡桑德拉代表系统NoSQL数据库。HBase可以被看作是Google Big Table系统的开源实现，这是建立在HDFS（Hadoop分布式文件系统）类似于Google文件系统。卡桑德拉接近发电机亚马逊的数据。卡桑德拉和发电机之间的区别是，卡桑德拉结合了数据模型的列族Google Big Table。简而言之，卡桑德拉是一个P2P分布式文件系统具有高可靠性和丰富的数据模型。

4. ACID和BASE方法论

ABCD是指4特性关系数据库必须满足为了支持事务的正确性和可靠性，即原子性、一致性、隔离性和持久性。下面将详细介绍这些功能。

（1）原子性。所有操作在一个事务，完成或不完成，不结束在中间。事务失败时执行回滚到其pre-transaction的状态好像从未执行。例如，转让，或转让成功，或没有转移，钱不会发生转移另一方，但没有收到的情况。

（2）一致性。在事务开始之前和事务结束以后，数据库的完整性没有被破坏，不会发生数据不一致的情况。

（3）隔离性。发生在两个或两个以上的相互关系事务同时访问相同的数据在数据库中。事务隔离可以分为不同的级别来隔离不同操作之间的交互数据。

（4）持久性。在事务操作完成以后，该事务对数据库所做的更改便持久并且完全地保存在数据库之中。

传统的SQL数据库（关系数据库）支持强一致性，这意味着更新完成后，任何后续访问将返回更新后的值。为了实现ABCD、图书馆或表往往经常被锁定，这使得互联网应用程序是很困难的。例如，每个交互SNS（社交网络服务）的网站需要一个或多个数据库操作，这就需要非常高的并发数据库读写要求，而传统的数据库无法满足这一需求。

对于许多Web应用程序，尤其是SNS应用程序一致性需求可以减少需要增加和可用性需求。支持高并发的读和写，一些NoSQL（非关系数据库）产品采用最终一致性的原则，导致基本方法基于弱一致性。弱一致性意味着系统并不保证在后续访问将返回更新后的值，和有很多条件得到更新后的值。之间的时间更新和任何观察者的时候保证看到更新后的值称为不一致窗口。最终一致性是弱一致性的一种特殊形式，在存储系统保证如果对象没有新的更新，最终所有访问都将返回最后更新的值。如果没有故障，不一致窗口的最大值可以确定基于通信延迟、系统负载，参与复制的副本数量计划，和其他因素。

基地，英国石油公司基本上可用（这是可用的）迹象，Softstate（软），最终一致性的一致性（最终）几句话。B：哦，那是碱。酸模型相比，酸的基本模型是完全不同的模型，因为它牺牲高一致性，可用性和可靠性。它只需要确保系统基本上是可用的，支持分区失败，允许国家一段时间不同步，并确保数据达到最终的一致性。基本想法关注基本的可用性，如果高可用性，也就是说，纯粹的高性能，则牺牲一致性或容错。对于大多数NoSQL数据库基础形式的方法论基础。

第二章

互联网背景下高校网络构建需求分析

网络需求分析的过程中获取和确定系统需求在网络设计的过程。网络需求描述行为，网络系统的特征或属性，限制系统的网络系统的设计和实现过程。在需求分析阶段，网络服务的水平和性能所需的用户应该确定有效地完成他们的工作。

第一节　网络应用目标分析

它是网络设计的一个非常重要的方面去理解用户的网络应用程序的目标和他们的约束。在复杂的网络环境中，只有通过全面分析用户的业务目标、网络工程项目批准的用户可以提出。

一、确定网络工程需求的步骤

了解网络工程需求的主要步骤包括：首先，收集业务需求从企业的高层管理人员；其次，收集用户群体的需求；最后，收集网络需求需要支持用户应用程序。

之前讨论的业务目标网络设计项目与用户，你可以先研究用户的业务情况。例如，找出行业用户，并研究市场，供应商，产品，服务，和用户的竞争优势。理解用户的业务和对外关系后，可以将技术和产品能够帮助用户巩固其在行业的地位。

首先，理解用户的组织结构。最后网络设计可能是相关公司的结构，所以最好是了解公司的部门、业务流程、供应商、业务合作伙伴、业务领域、本地或远程办公室。了解公司结构有助于确定关键用户组和他们的交通特征。员工在信息技术（IT）的公司可以有更好的理解公司的要求和任务，能够提供更多的网络需求与业务保持一致。

第二，要求用户对网络设计项目的总体目标，你需要简要解释新的网络的商业目的。此外，要求用户帮助定义成功的标准测量网络。面试企业高管或关键人物可以帮助完成这项任务。

为整个网络的设计和实现，成本是一个重要的因素要考虑。至少一个执行官或公司董事长可以决定多少钱花在这个项目。这个需求不是一个技术问题，但它会影响设计和投资规模网络。因此网络所提供的服务的水平。

二、明确网络设计目标

为了设计一个网络，满足用户的要求，有必要定义网络设计的目标。典型的网络设计目标包括：

（1）增加收入和利润。

（2）加强合作与交流，分享宝贵的数据资源。

（3）加强分支机构或下属的监管能力。

（4）缩短产品开发周期，提高员工生产力。

（5）与其他公司建立合作关系。

（6）扩大全球市场。

（7）转型为国际网络行业模型。

（8）淘汰落后技术。

（9）降低电信和网络成本，包括那些与语音、数据和视频独立的网络。

（10）使数据提供给所有的员工和他们的公司，让他们做出更好的业务决策。

（11）深入了解关键任务应用程序和数据的安全性和可靠性。

（12）查看更好的用户支持。

（13）提供新用户服务。

三、明确网络设计项目的范围

定义一个网络设计项目的范围网络需求分析是一个重要的一步。我们的目标是确定一个新的网络设计或修改，是否一个网段，一个局域网，广域网，远程网络，或一个完整的企业网络设计和修改。

一般来说，设计一个新的、独立的网络是不太可能。即使你正在设计一个网络的新建筑或一个新的公园，或更换旧网络与一个全新的网络技术，你必须考虑现有网络的部署和它连接到互联网。在更多的情况下，升级现有的网络被认为是，以及兼容现有的网络系统升级后。

四、明确用户的网络应用

Web应用程序Web存在的真正原因。为了使网络更好地工作，你需要理解你的用户的现有应用程序和新内容。在用户的帮助，填写表2-1。

表2-1 网络应用统计

应用名称	应用类型	是否为新应用	重要性	备注

"应用名称"名称的表可以与用户提供的名称填写。它可以规范的应用程序名称，如"Microsoft Office"；它也可以是一个应用程序名称，只有用户理解，尤其是自主研发的应用程序。

对于重要的任务，需要收集更准确的信息，包括一停机时间。

在"备注"栏，你应该包括您的公司信息（如计划在未来停止使用一个应用程序）或特定的公司发展计划和地区应用计划。

第二节　分析网络设计约束

除了分析业务目标和确定用户需要支持新的应用程序、业务约束也对网络设计产生重大影响。因此需要仔细分析。

一、政策约束

有必要与网民讨论他们公司的办公室政策和技术路线图，但尽量不要表达你的意见。理解政策约束的目的是发现事务安排的关键参数，偏见，背后的利益，或历史项目，可能会导致项目的失败。特别是，为类似工程进行了但是失败了，一个智能的判断应该是类似的情况下是否会重复在这个项目中，是什么导致项目失败，如何确保不会再次发生类似的现象，以及如何得到更好的结果。

要与用户协议、标准、供应商等方面的政策讨论，了解用户在传输、路由、桌面或其他协议中是否制定了标准，是否有关开发条款和专有解决方案的规定已获得供应商或平台规则的认可，是否允许不同的供应商竞争。有时，一个公司选择了一个新的网络技术或产品，和新计划的设计必须匹配。

新技术的引入会加剧一些人与机器之间的冲突，如合并或消失的一些业务工作。不要指望每个人都拥抱新项目。知道谁将不利影响的项目可以为未来的工作是有益的。

二、预算约束

网络设计必须符合用户的预算，在这个过程中网络必须控制网络的建设预算。预算应包括设备采购成本，购买软件、维护和测试系统，培训员工，设计和安装系统等。信息成本和可能的外包成本也应该被考虑。

一般来说，有必要分析网络用户单位的工人的能力，判断他们的工作能力和专业知识能胜任未来的工作，并提出相应的建议添加或招聘网络管理人员，培训现有员工或外包网络运营和管理。这些因素也影响了项目预算。

网络项目的预算投资回报率分析给用户。分析和解释新的网络能多快地投资回报将降低运营成本，提高劳动生产率，和市场扩张。

三、时间约束

网络工程项目的调度是另一个重要的问题需要考虑。项目进度定义项目期限和里程碑。用户通常是负责开发项目进度和管理项目的进展，但设计师必须提供自己的意见安排是否可行，使项目进度符合实际工作要求。

您可以使用工具的开发项目进度分析元素，如关键阶段，资源配置和关键步骤。全面了解项目的范围，需要将设计者安排的计划项目的分析阶段、逻辑设计阶段、物理设计阶段的时间与项目进度的时间进行比较，及时与用户沟通存在的问题。

四、应用目标检查表

在继续下一个任务之前，您需要确定您是否理解用户的应用程序的目标和问题。这可以由检查项目表2-2。

表2-2　应用目标检查表

检查目标	结果
对用户所处的产业及竞争情况作了研究	
了解用户的公司结构	
编制了用户商业目标清单，明确了网络设计的	
用户明确了所有关钽任务操作	
了解了用户对成功和失败的衡量标准	
了解了网络设计项目的范围	
明确了用户的网络应用	
用户已就认可的供应商、协议和平台等政策进行了	
用户已就网络设计与实现的分布授权的相关政策进行了解释	
了解项目预算	
了解项目进度安排，包括最后期限和重要阶段。进度安排切合实际	
对用户和相关的内部外部工作人员的技术知识都十分了解	
已就员工培训计划进行了探讨	
注意到了可以影响网络设计的办公策略	

第三节　网络分析的技术指标

定量地分析网络性能，应该首先确定网络性能的技术指标。许多国际组织定义的网络性能指标，为我们提供一个基线（baseline）设计网络。

网络性能指标可分为两类：网络元素水平代表了网络设备的性能指标；考虑网络作为一个整体，一个网络级的端到端性能指标。本文的重点是网络层面的绩效指标。

在分析网络设计的技术要求，有必要接受用户的网络性能参数列表，如吞吐量、错误率、效率、延迟和响应时间。许多网络用户经常无法量化的性能指标，而有些人可能有特定的性能要求的基础上与网络用户服务水平协议（SLA）。

一、时延

时延（delay或latency）可以被定义为所花费的时间将从网络接收的一端从另一端的网络。根据原因，延迟可分为以下类别：

（1）传播延迟是所需的时间对电磁波传播的渠道。传播延迟取决于电磁波的传播速度和距离的通道。在无真空通道，电磁波的传播速度小于3×10^8m/s。例如，在电缆或光纤信号以光速在真空中三分之二。任何信号传播延迟，如270毫秒的延迟造成的同步卫星通信，和1毫秒的延迟每200公里的陆地连接。

（2）传输延迟发送数据所需的时间。传输延迟的大小取决于数据块的长度和速度通过通道发送的数据。的数据传输速率也称为信道的数据传输速率。例如，大约需要4.048Mbps的E1信道上传输1 024字节的分组要花费4ms。

（3）传输延迟是指造成的时间延迟分组重传。实际信道总存在一定的误码率（误码率是传输中错误数与代码总数之比），总传输延迟与误码率有很大关系，因为数据中的错误将被重新传输，从而增加了总数据传输时间。

（4）分组交换延迟是指等待时间时生成网络桥梁、交换机、路由器等设备转发数据。分组交换延迟的大小取决于速度和CPU内部电路，以及网络设备的交换结构。这样的延迟通常是小的。为英国石油（BP）的以太网数据包，分组交换延迟的第二层和第三层交换器是10~50ms，和路由器的分组交换延迟超过开关。为了减少分组交换延迟，可以采用先进的缓存机制，以便快速帧发送到已知的目标可以打包没有查找表或其他处理，从而有效地减少了分组交换延迟。

（5）排队延迟是指组织网络的排队和等待时间节点。在转发分组交换网络中节点，当多个数据包到达相同的端口同时准备前进，除了一个人之外，所有数据包需要排队，并立即转发。在网络拥挤排队延迟是主要的延迟。

基于以上介绍，可以得出结论：

时延=传播时延+传输时延+排队时延

传播时延=距离/光在介质中的速度

$$传输时延=信息量/带宽$$

为了更准确地分析了IP网络延迟参数，我们可以把网络延迟分成（Roimd-Trip Time，RTT）和单向时延（One-Way Latency，OWL）。

①RTT的时间需要发送一个信息从网络的一端到另一端，回来。正式，给定一组P，P离开源的最后一个字节的最后一个字节P到达目的地为t（A），则RTT=t（A）-t（D）。RTT包括传播延迟的和两个端点之间加上排队延迟每跳，所以它代表端点之间的路径，路由器的数量，每跳和引入延迟的特点。这个往返测量特性的RTT的优势只需要定时源点，从而避免问题的源点和终点之间的时钟同步。这是一个简单的测量。

②OWL是发送消息的时间从网络的一端，直到收到另一端。单向延迟EETF的IPPM工作组开发的措施和细节由RFC 2 679中定义的。

从本质上讲，单向延迟措施源和目的地之间的路径，这是笔数据链路的传输延迟和时间延迟由每个路由器。单向时延测量需要从外部时钟同步源（如GPS或国家结核控制规划，根据所需的精度）源和端点坐标测量。

单向延迟可以测量延迟参数的一个特定的路径通过互联网，因为互联网的路由不对称的本质环境往往使以下关系站不住脚的：

$$RTT=2\times OWL$$

注意，测量网络延迟参数测量时间密切相关，和测量单向延迟测量两点之间需要保持精确的时钟同步，这是一个昂贵的东西。测量RTT，另一方面，只需要保持的相对时钟测量发起者。

二、吞吐量

吞吐量（throughput）是指在一个单位时间传输数据的能力没有任何错误。您可以定义定义的吞吐量为特定连接或会话，以及网络的总吞吐量。

一个参数与吞吐量的容量（capability）。一个通信设备的能力来执行一个预先确定的函数。它常被用来描述一个通信通道或连接的能力。例如，E1通道的容量是4.048Mbps，这并不意味着该频道总是会在4.048Mbps数据传输状态，但只有它有一个4.048Mbps数据传输能力。理想情况下，吞吐量应该等于能力，但这通常不是这样的。有时容量和吞吐量可以交替使用没有区别。

另一个相关的参数与吞吐量相关的网络负载,这是表示GG数值等于平均单位时间内发送的帧数量,包括帧被成功发送和帧转播的冲突造成的。显然,G多个吞吐量。只有在没有冲突,G=吞吐量。还应该指出,G可以远远大于1。例如G=8意味着网络发送8帧每单位时间,这意味着大量的冲突。在稳定状态,吞吐量和G之间的关系:

$$吞吐量=G \times P[发送成功]$$

P[发送成功]发送成功的概率,这实际上是成功发送的帧数量的百分比。

一个有效的方法来测量吞吐量信息传输速率(TRIB),响应时间直接相关。有效吞吐量越大,响应时间越快。

吞吐量通常是用来描述一个网络的整体性能,可以测量每秒数据包数(Packets Per Second,PPS)、每秒字符数(Characters Per Second,CPS)或每秒事务数(Transactions Per Second,TPS)。

每秒事务数和每小时事务数(Transactions Per Hour,TPH)通常用来测量吞吐量,如8 000TPH或2TPS。因为TPS不完全描述网络的整体性能,重要的是要理解事务的平均尺寸和TPH数值在不同的时间段。不同的测量给定的网络吞吐量和吞吐量和分组长度之间的关系。

网络设备的吞吐量可以测量使用PPS(或ATM设备,CPS),这是一个非常重要的指标。这是最大速率网络设备可以转发数据包,而不丢失任何数据包。许多网络设备可以转发并分组根据理论最大值,称为线路速度。注意,以太网是理论上的最大PPS值不同的帧长度。

另一个参数,称为有效吞吐量,实际上在KBPS措施应用程序层的吞吐量或Mbps0,代表相关的数据量传输的应用程序层单位的正确时间。有时吞吐量提高了,但有效吞吐量不,甚至减少,因为额外的数据传输可能额外开销或传送数据。

可能会有一些因素影响应用程序层吞吐量:

(1)协议机制,如握手、窗口、确认等。

(2)协议参数,如帧长度、重传定时器等。

(3)网络互联设备的PPS或CPS。

(4)网络互联设备的分组丢失率。

(5)端到端的差错率。

（6）服务器/主机性能，这可能与以下因素有关：

①CPU类型。

②磁盘访问速度。

③高速缓存大小。

④计算机总线性能（容量和仲裁方法）。

⑤存储器性能（实存和虚存的访问时间）。

⑥操作系统的效率。

⑦应用程序的效率和正确性。

⑧网络接口卡类型。

⑨局域网共享站点数量。

三、时延抖动

时延抖动（jitter）是连续到达的时间组的波动从来源到目的地。它由IETF正式定义为"瞬间分组时延波动"（Instantaneous Packet Delay Variation，IPDV），它是单向的传播集团从源到目的地I和I+1的时间延迟不同。

通过使用单向延迟和相应的IPDV参数，可以获得其他更严格的网络特征参数。

一些相关的网络应用程序不仅是网络延迟，而且相关的延迟抖动。例如，如果延迟抖动是由网络引起的破裂，视频和音频之间的沟通可能会被打断。

减少延迟抖动的一种方法是提供一个缓存桌面视频/音频。由于缓存的输入的变化小于整个缓存的长度，输出的性能不明显，从而减少抖动的影响。

在网络工程，如果用户有特殊要求延时抖动，它应该被记录下来。如果用户不能提供具体的要求，改变量应小于1%~2%的时间延迟。这意味着，对于一组平均延迟200ms的分组，延迟抖动不应高于2~4ms。

采用短数据包长度的技术，如自动取款机使用53字节细胞，可以帮助减少延迟抖动。

四、路由

路由（route）是一种特定"节点—链路"集合。在互联网上，这个集合是由路由器的路由算法。当数据包从发送者到接收者时，网络层必须首先确定路径（路由）。该算法计算这些路径被称为路由。

决定路由是个复杂的问题。首先，路由是协调工作的结果中的所有相关节点网络。第二，路由环境会发生变化，如发生故障或严重的网络拥塞，和IP数据报系统自动路由的功能，被认为是抗破坏。然而，此功能仅发生在资源消耗（拥挤）或底层网络失败。在互联网上实际测量表明，在互联网的大多数航线是恒定的，尤其是对骨干网络。

因此，我们可以得出以下结论：IP网络的通信质量的质量取决于"节点—链路"形成的路径集，它是由链路线；一旦改变了路线，反应路径延迟，丢包率和其他指标将大大改变。尽管IP网络路由是动态的，他们通常是相对稳定的。因此，一旦发现，两个点之间的路线不同于我们的默认路由，我们可以立即确定网络的默认路径或有严重堵塞，或有故障的链路或节点网络的默认路径。

五、带宽

网络链路，带宽（bandwidth）是衡量每单位时间传输比特的能力，通常表示为字节每秒。

路径的瓶颈带宽和可用带宽是两个重要的概念。瓶颈带宽路径的值是最小的带宽链接（瓶颈链接）在两个主机之间的路径。在许多网络瓶颈带宽不变，只要两个主机之间的路径是相同的。瓶颈带宽不受其他影响交通。路径的可用带宽的最大带宽主机可以在给定的点沿着路径传输。

不同类型的应用程序需要不同的带宽。一些典型的应用有以下带宽：

PC通信：14.4~50kbps

数字音频：1~2Mbps

压缩视频：2~10Mbps

文档备份：10~100Mbps

非压缩视频：1~2Gbps

六、响应时间

响应时间（respond time）是指时间在一个服务请求接收响应，通常被指定为所需的时间为客户端请求主机和响应信息。用户倾向于关心这个性能指标。超过100毫秒的响应时间时，用户是留下不好的印象，他们正在等待网络传输。

影响响应时间的因素包括连接速度、协议优先级机制，主人忙，网络设备等待时间，网络配置，甚至链接出错率。一般来说，响应时间与网络和处理器性能。

响应时间是不同的在不同的系统配置。一些常见的影响响应时间的因素包括：

（1）轮询时延：轮询是一种控制主人和奴隶之间的通信节点在不平衡数据通信配置。如果一个网络设备需要传输数据，它必须等待投票从更高的控制中心或主机才能发送数据。轮询延迟是调查一个节点所需的平均时间。

（2）连接时延：连接延迟与数据传输的速度超过指定的链接。连接的速度越快，越快可以在两个点之间传输的数据。

（3）CPU时延：CPU的时间延迟是需要从网络服务器CPU处理请求。一般而言，CPU繁忙，处理请求所花的时间就越长。

（4）网卡时延：在网络渠道，不同类型的网络接口卡将产生不同的延迟。一旦应用程序生成一个请求，网络接口卡创建一个延迟处理请求和访问物理介质。

（5）物理介质时延：的响应时间，还取决于数据包的传输速度在一个特定的网络结构，称为物理介质延迟。10MBPS以太网传输肯定需要更多的时间比一个100MBPS FDDI传播。使用短帧传输文件通常需要更长的时间比使用长帧，因为每一帧或细胞有自己的开销在消息的开始和结束。

对于一个典型的应用程序，它可以估计的近似时间范围等基于网络配置的用户和应用程序的细节，如数据文件的大小和所使用的技术（如调制解调器、卫星频道，等等）。如果一个远程客户端想要访问一个服务器和得到一个响应，该响应时间延迟包括网卡、网络延迟、媒体服务器延迟和延迟。

七、利用率

利用率（utilization）反映了最大容量，可以使用指定的设备。例如，网络检测工具表明一个网段利用率在30%，这意味着30%的网络容量。两种类型的利用率通常被认为是在网络分析和设计：CPU利用率和链路利用率。

CPU利用率反映处理器的繁忙程度在处理请求和响应的网络。更多的数据包网络设备互连过程，更多的CPU时间。

链路利用率的连接带宽的百分比可以有效地使用。例如，如果E1租赁，其最大带宽是64kbps×32=4.048Mbps，如果只有8通道可用，目前利用率仅为512 kbps，占25%的最大带宽。

八、效率

网络效率（efficiency）表明产生所需的输出所需的开销。例如，共享以太网冲突时低效率很高（也就是说，成功发送帧的成本很高，因为许多帧需要转播的由于冲突）。网络效率标识发送通信所需的开销，无论何种原因，如冲突、错误，重定向或应答。

改善网络性能的一个方法是最大化的最大帧数允许在MAC层。使用长帧最大化的有用的应用程序数据量（帧）相比，提高了应用程序的吞吐量层。使用长帧也意味着链接出错率较低，提高渠道效率。帧的时间越长，碎片越多，帧错误的概率增加。一旦有点差错，框架被丢弃，导致浪费带宽，从而降低效率。虽然帧长度的增加可能会提高效率，考虑到网络错误率（公平），帧长度必须达到更高的效率有。

九、可用性

可用性（availability）是指总量（百分比）的时间用于网络或网络设备来执行预期的任务。网络管理的目标有时可以简单地概括为提高网络的可用性。换句话说，保持网络的可用性尽可能接近100%。任何关键网络设备的停机时间会影响网络的可用性。例如，一个网络，提供一天24小时，一周7天98.81%可用如果网络为每周166小时168小时内。

在一个简单的组织，可用性的变化。例如，关键web应用程序需要高可用性比其他web应用程序。在一些特定的组织中，可用性也与工作时间的变化。例如，公司每周工作5天，从早上7点到晚上7点一定会有不同的标准的可用性比跨国公司每周工作7天，每天24小时。

通常代表平均正常运行时间可用性。例如，95%的可用性意味着1.2小时/天的停机时间，而99.99%的可用性意味着8.7秒/天的停机时间。可用性通常还要求停机时间提前通知给用户，在非工作时间当用户不是忙碌的，而不是随机的时候。

一般来说，可用性是有关网络的长度，它通常是相关的冗余，虽然网络的冗余并不是目标，而是一种手段，提高网络的可用性。冗余的双通道和设备到网络，以避免停机时间。一种类型的冗余是指提供备用路径传输信息在局域网或广域网。当原始链接坏了，备用路径将会发挥作用。两个备用路径和基本路径需要考虑性能需求。冗余是一个因素要考虑的关键网络设备的设计和实现。大型交换机能够支持大量的客户端连接，同时保持一定量的冗余电源，处理器，或电路卡片，以及为意想不到的情况下提供自动处理和转换设备。

可用性还包括可靠性，但更确切地说比可靠性。可恢复性（recoverability）是指的是轻松和多久网络如何从失败中恢复过来，很明显，可恢复性的可用性。具有良好弹性（resiliency）具有良好的可用性。弹性是指网络的程度可以承受压力，多么简单和时间网络从困境中恢复过来。

可用性是灾难恢复的另一个重要方面。灾害在这种情况下包括自然灾害（如洪水、火灾、飓风、地震、等）和人为灾害（如炸弹、人质，等等）。灾难恢复计划包括如何备份数据到一个地方，不太可能遭受一场灾难，以及如何切换到备份设备如果灾难影响的主要设备。

另一种方式来描述可用性是停机的成本。对于每一个关键的应用程序，记录每个中断将公司的单位时间成本。停机时间成本帮助第三方外包公司网络管理理解应用程序的重要性。此外，停机时间成本也表明是否有需要支持升级方法使用一个在线服务。在线服务升级是升级的方法在不影响网络设备和服务。许多高端网络设备有这个能力。

应详细讨论可能性度量。运行时间的百分比，运行时间的周期，时间单位。平均故障间隔时间（Mean Time Between Failure，MTBF）和平均修复时间（Mean Time To Repair，MTTR）其他两个参数表明可用性。平均代表时间的长度可以运行在一个失败者。MTTR用于估计时间修复网络设备或系统发生故障时。典型的网络MTBF为4 000小时。换句话说，不超过一个发生故障时每4 000小时或每166.67天不超过一个失败。典型的MTTR值为1小时，这意味着网络故障应在1小时内修复。在这一点上，平均可用性参数：

4000/4 001=99.98%

平均99.8%的可用性是一种很常见的关键任务操作的运行参数。

使用MTBF和MTTR用于计算可用性的公式为：

$$利用率=MTBF/（MTBF+MTTR）$$

有很多因素会影响它MTTR：

（1）维修人员的专业知识。

（2）设备的可用率。

（3）维护合同协议。

（4）发生时间。

（5）设备的使用年限。

（6）故障设备的复杂程度。

网络域的扩张，增加可恢复性的水平将导致更高的网络成本。对于设备或系统，不同的设备需要不同级别的可恢复性。举个例子，在一个意想不到的情况，另一个开关需要备份中央开关。这很贵，但一天的停机的成本由于故障可以更高的业务。

注意，由于计算平均值，分解时间和维修时间可能差异很大，这取决于应用程序。例如，用于企业网络的核心设备的参数更严格的比用于开关影响只有少数用户。

应用程序停机时间成本高，接受的平均无故障时间和MTTR应该记录。对于特定网络设备的平均无故障时间，书面承诺关于平均无故障时间、MTTR和变化值应该从设备或服务提供商获得。供应商提供的数据或从相关文献获得权威有时可以被使用。

近年来，一个叫做"IP可用性"指标也被用来测量IP网络的性能。因为许多IP应用程序的性能是直接依赖于EP层的丢包率，许多应用程序不可用，当数据包损失率超过设定阈值。可以看出，这个指数反映了IP层数据包损失率的影响应用程序的性能。有时，虽然网络是不会被人打断，但由于丢包率太高，也会使网络应用程序不可用。

十、可扩展性

可扩展性（scalablity）指网络技术或设备的能力扩大随着用户需求的增加。可伸缩性是许多企业网站设计的基本目标。网络设计应该能够适应企业用户数量的快速增长，类型的应用程序和外部连接。

当考虑可伸缩性，想到过去的五年里，尤其是过去两年。为此，您可以填写用户的短期扩展。

可伸缩性也反映在企业网络的流量分布的变化。以前的网络设计的规则之一是80/20规则，即80%的流量发生在部门局域网和20%的流量去其他部门的局域网或外部网络。但现在已经演变成20/80规则，其中20%发生部门局域网内的通信和80%去其他部门的局域网或外部网络。这将创建需要扩大和升级公司的企业网络。这个变化流主要是由以下原因造成的：

（1）部门使用的数据存储局域网服务器，但是现在在公司服务器上数据集中存储。

（2）很多信息来自互联网或一个公司的Web服务器。

（3）公司网络连接与其他公司网络和合作伙伴，经销商，供应商和战略合作伙伴。

（4）解决瓶颈问题造成局域网/广域网的互联网络流量的大幅增加。

（5）添加新的网站支持区域办事处和远程办公。

当用户可伸缩性目标分析，重要的是要记住，现有网络技术有一定的特点，阻碍网络可伸缩性。例如，网络用户数量的增加将导致数量的大量增加广播发送的帧层2开关，所以你不能使用太多扩大一层2开关网络的大小。

十一、安全性

安全性（security）设计是企业web设计的最重要的一个方面。大多数公司的总体目标是，安全问题不应该干扰做生意。网页设计用户想要保证安全设计可以防止灭失的业务数据和其他资源。每家公司都有商业机密、业务操作和设备保护。

基本安全要求用户从非法使用是保护重要资源，盗窃、修改或破坏。这些资源包括主机、服务器、用户系统、网络设备、系统和应用程序数据。其他更具体的需求包括一个或多个下列目标：

允许外部用户（用户、制造商、供应商）来访问Web或FTP服务器上的数据，而不是内部数据。

（1）授权并识别部门、移动或远程用户。

（2）探测入侵者和隔离他们的伤害。

（3）确定收到内部或外部路由器路由表更新。

（4）保护数据发送到远程站点通过VPN。

（5）身体保护主机和网络设备。

（6）使用用户账户检查访问权限的目录和文件逻辑保护主机和网络设备。

（7）防止软件病毒感染的应用程序和数据。

（8）列车网络用户和网络管理员的安全威胁及如何避免安全问题。

（9）通过版权保护产品和知识产权或其他合法手段。

十二、可管理性

每个用户可能有不同的目标网络的可管理性（manageability）目标。例如，一些用户显式地想要使用简单网络管理协议（SNMP）来管理网络互联设备，记录每个路由器接收和发送的字节数。其他人没有明确的管理目标。如果用户有一个计划，这些计划一定要记录它，需要选择设备时参考。在某些情况下，一些设备可能会被排除在外的人为了支持管理功能。

用户不清楚管理目标，您可以使用五个管理职能领域（FCAPS）网络管理由国际标准化组织（ISO）说明的功能：

（1）故障管理（fault management）：故障检测、隔离和消除管理对象的网络；网络中的每个设备必须有一个预设故障阈值（但是这必须可调阈值）来确定是否发生故障；最终用户和管理员报告问题；跟踪趋势相关的网络故障。

（2）配置管理（configuration management）：用于定义、识别、初始化和监控管理网络中的对象，改变管理对象的操作特征，并报告管理对象的状态变化。

（3）账户管理（accounting management）：记录用户使用网络资源和收费，使统计数据网络的利用率。

（4）性能管理（performance management）：分析通信和应用程序行为，优化网络，满足服务水平协议，并确定扩展计划。

（5）安全管理（security management）：监控和测试安全与保护政策，维护和分配密码和其他身份验证和授权信息，加密密钥管理，审计安全政策有关事项，并确保网络不使用非法的。

十三、适应性

适应性（adaptability）是指当用户改变应用程序的要求，网络有应变的能力。一个好的网络设计应该能够适应新技术和变化。例如，移动用户使用手提电脑来发送和接收电子邮件和在局域网文件传输，这是一个测试的网络适应性。另一个例子是一个网络服务，提供了逻辑分组的用户在设计短期工程项目。对于一些企业来说，这是非常重要的是能够适应类似的网络需求；但对另一些人来说，它可能不是必要的。

网络业务的适应性将影响其可用性。例如，网络必须适应不断变化的环境中，因为一些网络工作环境发生巨大的变化。温度的快速变化可能影响电子元件的正常运行的网络设备。网络适应性较弱不能提供良好的可用性。

灵活的网络设计还应该能够适应不断变化的通信模式和服务质量（QoS）需求。例如，一些用户需要选择的网络技术提供一个恒定速率的服务，这就要求网络以应对不断变化的环境。

此外，如何快速适应问题和适应性的升级也是一个方面。例如，开关会如何迅速适应另一个开关的失败和生成树的拓扑结构变化；路由器能很快适应具有新拓扑的新网络吗？路由协议应该以多快的速度适应链接失败，等等。

十四、可购买性

可购买性（purchasability）也称为成本效益，是商业目标的一部分。购买能力的基本目标是在一定的经济成本下使流量最大化。财务成本包括一次性设备购买成本和网络运营成本。

例如，在校园网络建设，低成本通常是一个基本目标。用户希望购买交换机与许多端口，每个端口的成本应该很低。用户还想减少布线的成本，减少其付给ISP，买便宜的终端系统和网卡。总之，有时低成本可以比可用性和性能更重要。

可用性通常是更重要的比低成本的企业网络等机构融资。用户仍在寻找控制成本的方法。企业网络的成本，因为占据广域网资源通常是一个大的开支。因此用户想要的：

（1）使用路由协议以减少广域网通信。

（2）使用一个路由协议，它可以选择最低的价格路线。

（3）将话音和数据传输到更少的广域网的并网租用线路。

（4）选择技术，动态地分配广域网带宽，例如，使用ATM技术而不是时分多路复用。

（5）广域网线路利用率提高了使用压缩、语音活动检测（VAD）和重复模式压缩（RPS）。

除了广域电路成本，第二大网络的运行成本是操作的培训和维护成本和网络管理人员。为了减少运营成本，用户有以下目标：

（1）选择网络设备，很容易配置，操作，维护和管理。

（2）选择一个易于理解和解决网络设计。

（3）保持良好的网络文档减少故障排除时间。

（4）选择易于使用的web应用程序和协议，这样用户可以在自己的在一定程度上解决问题。

因为很难设计一个网络完全满足所有的目标，这些目标经常是必要的妥协。例如，以满足高可用性的预期，需要冗余设备，增加网络实现的成本。高成本的电路和设备必须满足严格的性能要求。实施安全策略，需要昂贵的监测设施，用户必须放弃一些简单易用的特性。为了实现一个可伸缩的网络规模，可用性可以妥协，因为一个可伸缩的网络总是改变为新用户和新节点被添加。为一个应用程序实现良好的吞吐量，可以引起另一个应用程序的延迟问题。在设计网络时，我们应该综合考虑所有的因素，得到一个相对合理的方案。

第四节　因特网流量的特点

在过去的15年里，许多研究人员对网络流量进行了详细的分析和研究，揭示一些法律的基本行为和互联网的特征。理解这些规则有助于我们掌握设计的一般规则的计算机网络。

一、因特网流量一直在变化

长期研究表明，互联网流量增长，可能会改变在一个相对短的时间内。这种变化不仅体现在增加流量值，而且在交通组成、协议、应用程序和用户的变化。我们理解互联网流量通过测量它，但任何收集的数据的集合操作网络显示只有一个快照的一个点在互联网的进化，所以处理测量数据理解和理解互联网流量的模式是一项长期的任务。到目前为止，人们还没有完全理解互联网流量变化的法律，所以这将是一项长期的任务，研究互联网流量的结构和它的法律。

二、聚合的网络流量是多分型

如果我们能够建立一个良好的网络流量模型，我们可以研究互联网更彻底地在理论和实验室。然而，很难描述聚合网络流量在互联网有以下原因：异构网络的性质；网络应用程序很多，不断发展；变量链接速度和多种网络接入技术；用户行为正在发生变化。

在任何情况下，网络研究人员确定，网络流量主要是长程相关性（LRD），也称为"自相似"，"分形"，或"多重分形"。这在LAN上自然是无处不在的，苍白的，图像，数据、Web、ATM、帧中继，没有。7交通信号。研究人员属性上功能部分用户的重尾分布开关功能，这可能会加剧了TCP/IP协议。最近研究表明网络流量是"不稳定"，多重分形交通结构在大型网络的边缘很明显但消失在他们的核心。

尽管多重分形结构的复杂性，研究人员使用非常精确的数学模型来描述和分析网络流量以改善网络基础设施。

三、网络流量表现出局部性质

工作流量结构不是完全随机的。用户的应用程序任务（如文件或Web页面下载传输）间接影响交通结构和强化了TCP/IP的使用。而不是单独和独立的实体，分组是一个逻辑的一部分的信息流动在更高的协议。流在网络层分组，源地址和目的地址，并清楚显示识别的模式。这种结构通常被称为时间局部性（时间信息相关性）或空间位置（地理相关性）。

四、分组流量是非均匀分布的

分析TCP / IP数据包的源地址和目的地址显示交通主机之间的数据包的分布非常不均匀。观察显示，10%主机占90%的流量。从某种意义上说，对于许多应用程序，这符合我们的直觉观察，采用客户机/服务器模式。然而，这个属性在网络流量的出现表明，有一个基本的网络流量的幂定律结构在很多方面，甚至在某些方面的网络拓扑。

五、分组长度是双峰分布的

网络数据包的长度传播在互联网上有一个"长而尖的"（spiky）分布特性。大约一半的数据包携带最大传输单位，这是长度的最大传输单位（MTU）可以被定义为一个网络接口。大约40%的数据包（40字节），主要为数据接收TCP数据包确认。其余10%的包是两个极端之间的随机分布，根据用户数据的数量在过去的多包传输数据包。在这种分布，IP数据包有时是由于不同的MTU长度分段之间的网络。因此偶尔发生"长而尖"分布。

六、分组到达过程是突发性的

在排队论和通信网络设计，很多研究都是基于假设数据包到达过程服从泊松分布。简而言之，这个泊松到达过程意味着组织发生随机的到来和独立在一个特定的平均速度。更正式，事件之间的时间间隔在一个泊松过程指数分布和独立，和两个事件不发生在同一时间。

泊松模型是数学上的吸引力，因为它的指数分布是无记忆性的。也就是说，即使我们知道最后一个事件取决于过去的时间，我们不知道什么时候下一个事件会发生。泊松模型通常可以获得准确的数学分析和结论的封闭表达式的平均等待时间和方差排队网络模型。

详细的分析网络流量显示数据包到达紧急而不是泊松分布。换句话说，互联网群体的到来时间不是独立的、指数分布的，而是成组的。这种破裂结构与所使用的数据传输协议。结果是，队列属性更比泊松模型预测变量。

基于上述研究结果，获得的数据通过使用简单的泊松分布在网络性能的研究非常可疑。这种理解促使研究人员开展了一系列新的研究网络流量建模。

第三章

互联网时代背景下高校学习中心网络系统构建基础

第一节　网络的组成

虽然互联网的结构很复杂，有许多类型的网络设备，从逻辑上讲，所有的网络实体的网络可以抽象为两个基本组成部分：物理介质称为链接和计算设备称为节点。节点可以分为主机节点和中间节点和中间节点可以分为自主系统，虚拟节点，路由器，交换机和代理。链接可以分为主机到主机端到端路径和两个节点之间的跳。

一、节点和链路

网络节点是专用的电脑，如交换机或路由器，通常使用专用硬件实现。网络链接可以实现在各种各样的物理媒体，包括双绞线（如电话线）、同轴电缆（如电视连接），光纤（最常见的媒介高带宽，长途链接），和空间（媒介传播的无线电、微波和红外波）。可以使用任何物理介质传输一个信号。这些信号实际上是电磁波以光速旅行。然而，光速是依赖介质，电磁波穿过铜线或光纤三分之二光速在真空中。

一个链接是一个媒介用于传输电磁信号。计算机网络为以二进制数据（1和0）的形式传输信息提供了基础，我们可以用二进制数据对各种信号进行编码，然后将二进制数据调制成电磁信号来传输更远的距离，即通过改变信号的频率、幅度或相位来影响信息的传输。在计算机网络中，只有二进制数据通常被认为是。

一个链接的另一个属性是碎片的数量可以在单位时间内通过。如果使用多个访问链接，必须共享的节点连接到链接访问链接。如果两个可以同时传送比特流在一个点对点的链接，一个在每个方向，这种联系被称为全双工链路。点对点链路称为半双工链路如果它支持一次只有一个方向的数据传输，以及连接两个节点可以使用链接。计算机网络使用的点对点的链接通常是全双工。

网络可以在不同层次上完成。在最低水平，是连接两个或两个以上的计算机网络直接通过一些物理介质，如铜电缆或光纤。物理链路有时只连接到一对节点（如点对点）。然而，在其他情况下，超过两个节点共享相同的链接（称为多点访问）。链接是否支持点对点连接或多点访问取决于具体情况。多点访问也通常限制覆盖范围的大小由于他们覆盖的地理范围和相互连接的节点的数量。唯一的例外是卫星连接，一个大的地理区域。

区分节点内部的"网络云"，实现网络（称为包交换机的功能是存储和转发数据包）和节点外的"网络云"（通常称为主机，它支持用户和运行应用程序）。还应该指出的是，图3-2中"网络云"是最重要的一个计算机网络的图标。总之，我们使用"网络云"来表示任何类型的网络，是一个点对点连接，多点访问网络或一个分组交换网络。因此，每当你看到它在一个图中，你可以把它想象成任何网络技术的代表。

图3-3显示了第二种方式间接地构建一套主机和路由器在网络的第一种方式（在网络云），如图3-2所示。通过这种方式，一系列单独的网络（"网络云"）可以相互连接形成一个更大的网络。一个节点，连接两个或两个以上的网络称为路由器或网关，和从一个网络向另一个路由器转发消息。注意，一个互联网络本身可以看作是一种网络类型，这意味着互联网也可以相互连接形成新的互联网网络。因此，我们可以建立任意大型网络递归地通过连接"云网络"，形成更大的"云网络"。

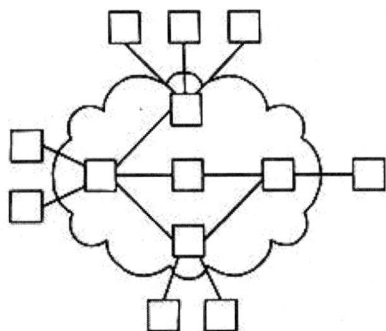

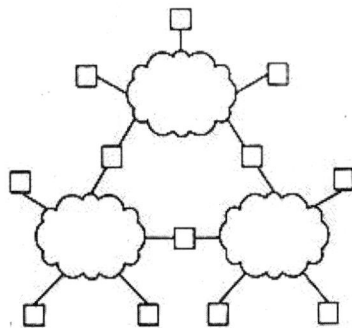

图3-2 交换网络   图3-3 网络的互联

仅仅因为一组主机连接直接或间接并不意味着我们可以成功地实现主机到主机的连接。最终的要求是每个节点知道它想要与哪个节点。这就要求每个节点分配一个地址。一个地址是一个字节的字符串来标识一个节点，用于区分从其他网络上的一个节点。当源节点需要发送一条消息到目标节点通过网络，需要指定目标节点的地址。如果不直接连接发送和接收节点，网络中的交换机和路由器使用地址来确定如何将消息转发给目标节点。的过程系统决定如何转发一条消息到目标节点称为路由。

上面的简单介绍路由和寻址假设源节点发送消息（单播）只有一个目标节点，这是最常见的情况。源节点也可以网络中的所有节点广播一条消息，或者源节点要发送消息网络中的某些节点而不是所有节点，称为多播的情况。一个更新的网络服务，称为任意广播，允许发送方访问的一组接收器的最近的分享任意广播地址。因此，除了指定节点的地址，有时有支持多播地址，广播，或广播。

上述讨论中的一个重要概念是递归网络节点组成的，可以由两个或两个以上的物理链路连接，或一个更大的网络组成的两个或两个以上的网络由节点和物理链路连接。换句话说，网络可以通过递归网络的构建。底层网络实现的物理介质和设备。提供网络连接的关键是定义一个节点可访问的网络地址（包括支持广播和多播连接）和使用地址传递消息到正确的目标节点。

网络互连是使用适当的技术和设备来连接孤立的子网或电脑，所以各个子网的原始隔离计算机可以交换信息，资源共享。通过互连，还解决了局域网（LAN）的距离限制，如最大范围的限制。

第二节　因特网网络结构

为了设计一个良好的网络，有必要研究互联网的网络结构，是世界上最成功的计算机网络。

一、因特网的层次结构

互联网通常被认为有一个层次结构，包括终端系统/主机、桩/企业、地区/中间层、骨干/国家和国际5个层次：

（1）主干网络（backbone network）通常是一个高容量载体用于连接其他网络。

（2）单独的主机（网络管理设备和骨干服务主机除外）通常不直接连接到主干上。

（3）局域网主干网络密切相关，差异只在大小、数量的网络通过每个端口连接，和地理覆盖。一个局域网可以有一个主机直接连接，像一个混合主干/存根网络。局域网是一个用户的骨干。

（4）主机和局域网连接到LAN/企业网络。桩/区域和骨干网络的企业网络用户。

（5）终端系统的主机和用户的网络。

企业网（enterprise network）是网络工程设计中经常遇到的一个术语。企业网络的计算机网络为企业提供了信息传递和资源共享，通常由多个局域网。一个企业网络可以被定义为一个共享通信互连公司修建基础设施和资源，部门，本地和远程计算和通信资源协调行动在整个企业组织的人。企业网络也可以更清晰地定义为"企业级网络连接企业通信、进程和商店可用资源分布在整个企业内的用户。"注意，企业网络是一个宽泛的概念，通常是交替使用的校园网和校园网络。

将因特网的标准和技术应用于企业网，就形成了用于企业内部的专用网络——内联网（Intranet）。内联网相对应的是外联网（Extranet）的扩展和外延。

二、接入网技术

接入网是一个交货系统实体之间提供网络服务业务节点接口（SNI）和它的每个相关的用户网络接口（UNI）。有两种方法来开发访问网络技术：一种方法是将现有的网络技术（如电话网络、有线电视网络，以太网、光纤网络），另一种方法是开发新技术，包括XDSL和无线接入技术。在某些情况下，它可能是更好的使用技术系统访问。在网络工程需求分析的实际情况，选择适当的用户访问网络技术方案。

接入网的重要性可以从骨干网投资大但有限的事实中看出，由于涉及的用户数量大且投资大，从用户的家到ISP网络的接入网很高，从而产生所谓的"最后一公里"问题。有几个解决这个问题。

电话网络是世界上最广泛的网络覆盖。它有明确的服务质量，这是最经济、方便实现窄带接入互联网。然而，它的数据率仅为64kbps，所以这不是可行的直接实现基于电话网络的宽带接入。然而，由于订阅者环路线的电话网络是一个巨大的投资资源，考虑电话切换到用户线路的带宽相对较宽，XDSL技术开发。有线电视网络的实时和宽带能力非常好。考虑有线电视的报道在中国的城市，只使用现有的有线电视资源的前景是很吸引人的。然而，改变现有的单向传输电缆与双向通信功能，宽带网络开关函数和网络管理功能，它仍然需要大量的资金投资在技术改造。与光纤的巨大带宽的扩展，甚至到家庭，宽带接入技术。为了方便手机用户，无线访问也是一个有希望的新访问手段。

（一）拨号接入

通过电话网络访问互联网通过调制解调器是一个早期和家庭用户当前访问的主要手段。该方法简单、实用，经济实惠，但是它不能实现宽带接入。通过电话网络访问互联网变得更加容易，用户使用的操作系统的主机，如Windows XP，附带一个易于使用的拨号网络计划，和笔记本电脑通常有内置调制解调器的硬件。

（二）XDSL接入

DSL是数字用户线的缩写。字母X的前缀表明DSL可以各种不同的字母。不同的前缀代表不同的宽带计划实现的数字用户线。XDSL技术使用数字技术改造现有的模拟电话用户线，这样就可以把宽带服务。目前，ADSL技术正成为家庭用户的首选技术连接到互联网以更高的速度，更高的性价比。

ADSL访问网络由三部分组成：数字用户线多路复用器（DSLAM）、在用户的主用户线和一些设施。AM包括许多ADSL调制解调器。宽带调制解调器也被称为访问终端设备（ATU）。由于必须成对使用ADSL调制解调器，ADSL调制解调器使用的电话办公室（或远端站）和用户的主被指示为ATU-C（C为Central Office之意）和ATU-R（R为Remote之意）。订阅者通过电话的电话连接到（PS）和ATU-R，通过用户线到办公室，再通过电话分配器到本地电话交换机。电话分频器是被动的和使用低通滤波器来电话信号与数字信号分开，以便它不会干扰使用传统的电话。DSLAM可以支持多达5 000~1 000的用户。DSLAM 1 000端口（需要用1 000个ATU-C）会有一个6Gbps的转发能力基于6mbp/s 端口的传输容量。

（三）混合光纤同轴电缆接入

混合光纤同轴电缆（HFC）是一个基于有线电视的混合光纤/同轴电缆宽带综合业务接入网络，提供电视、电话和数据服务。氢氟烃使有线电视用户通过电缆调制解调器连接到互联网，获取多媒体服务。HFC网络有一个宽的频带和唐覆盖更大，但HFC网络是一种模拟技术。此外，现有的450mhz的变换单向传输有线电视网络变成一个750mhz双向HFC网络传输也需要大量的金钱和时间。

在目前HFC系列产品包括：前端设备（如调制器和解调器、混合器等），向下光学链接设备（如光发射机、接收机），上行设备（如上行光接收机，上行光发送机），分布系统设备（如分配放大器、桥放大器，放大器的扩展，等等）。

CATV通过同轴电缆有线电视网络用户访问网络，现有的同轴电缆在下行方向上提供3~10mbps的速度，30mbps，和上线率0.2~2mbps，10mbps。然而，这样的网络有缺点的带宽、可靠性和信号质量，所以HFC网络替代原来的有线电视的同轴电缆的支柱与光纤网络，使用模拟光纤技术。用振幅调制的光在模拟纤维比使用更节约数字光纤。模拟纤维头端连接到光纤节点，也称为纤维分布节点（ODN）。在光纤节点，光信号转换为电信号。在光纤节点是同轴电缆。一个光纤节点可以连接1~6同轴电缆。使用这种网络结构，放大器的数量需要从头家是只有四个。这大大提高了网络的可靠性和质量的电视信号。HFC头是计费的智能设备管理、安全管理、点对点的路由与选择性处理。

HFC结构的特征在于从顶端到每个光纤节点的模拟光纤连接，形成星形网络。低于纤维节点树的同轴电缆网络。用户连接到单个光纤节点的数量通常是500年左右，不超过2000人。通过这种方式，光纤节点形成一个用户组下的所有用户，也被称为社区。光纤节点之间的距离，头端一般25公里，而距离光纤节点用户的用户组不超过2~3km。这个节点体系结构可以提高网络的可靠性，简化上行通道的设计。HFC架构要求每个家庭使用一个用户界面框（UIB）。用户界面框提供了三种类型的连接，即使用同轴电缆连接到机顶盒，然后用户的电视机；使用双绞线连接到用户的电话；连接到用户的计算机使用电缆调制解调器。电缆调制解调器（电缆调制解调器）是一个用户访问设备设计为实现有线电视网络上的数据通信服务，也是用户对HFC网络设备的访问。

（四）光纤接入

目前，光纤被广泛用于骨干网。光纤具有频带宽、重量轻、抗干扰等。广泛应用，多媒体服务和光纤的价格逐渐下降和光学设备，最后有可能实现光纤到用户的扩展，也就是说，用户可以通过光纤直接访问网络。

提供光线路终端（OLT）之间的接口网络和光纤接入网的局部转换和沟通上的光网络单元（ONU）用户通过一个或多个光学分销网络（ODN）。ODN提供了光传输意味着OLT和ONU之间，主要完成光信号功率的分布。0DN是由无源光器件（如光缆、光连接器、光分配器等）组成的纯光源光配电网。0NU为用户界面提供光/电、电/光转换功能，以及各种光电信号的处理和维护。ONU的位置有很大的灵活性。根据不同位置的ONU光纤接入网、光纤接入网可以分为不同的类型。

当考虑光纤接入解决方案，重要的是要注意，虽然光纤的价格已经相当或低于铜电缆的价格，光电转换设备的价格仍高于电气设备。因此，更具有成本效益的使用光纤接入的高带宽和少量的光端口。目前，我国大城市普遍采用的一种经济有效的宽带接入方案是：ISP千兆光缆到小区（光端口到光端口）、住宅百兆光缆到建筑物（光端口到光端口）、建筑物10Mbps双绞线到用户（电端口到电端口）。

（五）无线接入

无线访问的优点是安装速度快，适应动态环境中，有时更低的成本。尽管当前计算机和网络连接主要是基于铜和光缆技术，新兴的无线局域网技术的潜力不可低估。手机的普及和快速增长的市场确认这个事实。

IEEE802.11无线局域网标准，主要是成立于1997年，包括协议的物理层和MAC层。有几套802.11无线局域网标准，包括802.11 b，802.11和802.11 g。

802.11b、802.11a和802.11 g有许多共同的特征。他们使用相同的介质访问协议，CSMA / CA（与避碰载波监听多路访问）；使用相同的链路层帧格式，都有能力减少传输速率达到更长的距离；和所有三个标准支持"基础设施模式"和"自组织模式"。但是，有一些重要的区别在物理层次这三个标准。

802.11b无线局域网的数据率11mbps，这是足够的对于大多数家庭网络使用宽带或DSL接入互联网。802.11 b无线局域网的无线频谱上工作2.4 ghz~5 ghz没有许可证，与2.4ghz的手机竞争频谱和微波炉。802.11无线局域网有更高的比特率和更高的频谱。然而，由于工作频率更高，802.11无线局域网与一定的功率传输距离短，而且它更受到多路径传播的影响。802.11g无线局域网和802.11b无线局域网的工作在相同的低频段和有相同的高传输速率为802.11，这将使用户能够更好地享受网络服务。

此外，WiMAX的微波存取全球互操作性是IEEE 802.16标准的协议，旨在为大量用户提供无线数据在一个广泛的速度与电缆调制解调器和AJDSL网络。802.16 d之前更新了802.16标准。802.16 e标准，旨在支持运动的速度70~80英里每小时（这里使用的速度在高速公路上在大多数国家以外的欧洲），有选择的主要原则的接入网技术小，资源受限的设备上：性能和经济，以及安全。

第三节　二层交换机

在局域网的设计，以满足不同需求的网络覆盖，性能和成本绩效，各种各样的网络互联设备如中继器、集线器和交换机都可以使用。近年来，中继器已经退出的场景，和中心网络设计的观点正在消退，取而代之的是开关。

一、二层交换机之前的网络设备

中继器（relay）工作在物理层，主要用于扩展局域网的长度。例如：对于10 base2以太网，一个网段只有185米长，和四个中继器可以连接到五个电缆段，使网络总长度9 843米。

集线器（hub）可以被认为是一种多端口的中继器，从而大大提高了局域网的可靠性。因为在此之前，局域网使用串行连接电缆和转发器的结构，和一个糟糕的连接会导致整个局域网崩溃。从物理的角度，基于中心网络可以形成一个明星拓扑网络，但是从逻辑的角度来看，基于中心的网络仍然是一个总线拓扑网络。中心的功能是接收数据信号，送他们到其他端口，也就是说，每个中心允许只有一个主机发送数据，否则数据会发生碰撞。中心只适合连接到主机。

网桥（bridge）工作在数据链路层的桥梁，过滤识别框架的MAC和连接两个或两个以上地址兼容的网段形成一个逻辑上单一的局域网。特征是：

（1）减少网络流量。这座桥有过滤的功能，只有一部分的数据传输，这减少了不必要的数据流。

（2）局域网的有效长度扩展远程站点可以相互通信。

（3）端口的数量小，只适合连接网段。

（4）可以屏蔽某些网络故障，也能提高网络安全，如机密数据在同一网段的主机。

二、二层交换机的工作原理

二层交换机又称为交换机，实际上是一个聪明的多输入/输出桥。开关的工作原理通过阅读框架从源端口和交换他们适当的目的地端口速度非常快，根据目的地MAC地址。开关往往有一个"自学习"功能，这意味着当一个主机第一次发送一个数据包，开关记得特定设备的位置通过检查它的源地址，它被称为主机地址表。一旦开关主机地址表建立了，它不再需要所有端口组数据，从而大大节省网络带宽。如果开关没有找到目的地端口对应一个框架后查找主机地址表，需要"洪水"方法帧转发到所有端口除了传入端口。

当主机A发往主机B的帧到达端口1，开关不需要转发端口2。问题是，一个开关怎么知道不同的主机是哪一边？一种选择是手动维护的路由表开关，但这种方法是不可取的。另一个方法是让开关"学习"来获取相关信息。

开关检查源主机的地址在所有接收到的帧。当主机将帧发送给主机的任何一侧开关，开关将记录从主机发送的帧接收端口1，也就是说，主机和端口之间的关系是习得的。如果开关的开关不知道哪一边的接收器，它将帧发送到所有的端口。启动开关时，端口表是空的，随着时间的推移，所有的主机和端口都可以建立之间的关系。保持港口表信息准确，一个计时器是港口表中的每一项分配。一旦超时，开关驳斥了表条目。

交换机转发数据包从一个输入到一个或多个输出通过处理框架的MAC地址，为网络提供了一种方法来增加的总带宽。例如，单个以太网段只能提供100Mbps带宽，如果输入和输出主机是对对对对主机，则以太网交换机可以提供100×n/2MbpS的带宽，n是交换机上的端口总数（输入和输出端口）。这是因为这些主机可以同时相互通信而不干扰。

在一个更复杂的局域网，网络跨度许多地区的一个组织，可能是由多个管理员管理。在这种情况下，是不可能让一个人知道整个网络的配置，和开关可以连接到多个网段，网络中可能形成循环。此外，为了提高网络的可靠性，人们可能需要把网络中冗余开关。也有可能导致一个循环的数据帧转发，导致广播风暴。因此，EEEE802.1D规范定义的"生成树算法"是采用开关实现。即使有一个物理循环在网络设计中，该算法可以避免逻辑环的形成。开关可以正确处理环通过使用一个分布式生成树算法。如果扩展局域网由图表示可能含有环，生成树是图的子图，其中包含所有的顶点，但它不包含环。换句话说，生成树包含原始图的所有顶点，但删除一些边缘。这意味着，当我们使用交换机在网络工程，即使有循环设计由于某种原因（冗余链路来提高网络可靠性，或循环形成由于未知的条件）只要适当的配置可以防止生成逻辑循环。

开关技术也导致了全双工以太网技术的出现。标准以太网CSMA / CD机制，只使用一个网络上的设备可以在任何时候成功发送。更多的网站链接共享媒体，更频繁的冲突，降低总吞吐量。如果一个开关连接到端口只有一个主机和其发送和接收线是分开的，不会有冲突。例如，我们通常使用两个千兆以太网线路连接两个千兆交换机，因为只有一条线两个交换机之间，不可能发生碰撞，所以即使线路长，他们可以无碰撞沟通在双工模式下。注意，只有全双工网卡和交换机支持这个功能，也就是说，专用服务器的全双工网卡连接到交换机的端口，支持全双工，与添加服务器用户的能力。

然而，简单地取代集线器和交换机并不一定改善网络性能。因为开关允许只有一个主机访问服务器，这不会导致更高的网络吞吐量。如果使用链路聚合，以增加数量的端口的交换机连接到服务器，网络性能会提高。

因为开关适用于网络中的第一帧的内容，它不能用于异构网络用不同的格式。交换机只支持网络具有相同或相似的地址格式，如以太网和令牌环网络，因为网络有相同的48比特位地址结构，但不能用于其他网络有不同的标题格式，如自动取款机。

三、交换机的广播域和碰撞域

透明地使用一个开关的目的是扩展网络，由于广播和多播在网络通信非常重要，开关必须同时支持。广播模式的实现非常简单，也就是说，每个开关将帧转发广播从每个活动目的地址端口（端口接收到帧除外）。多播实现以类似的方式，每个主机决定是否接收的消息。

人们普遍认为，网络设计方案基于交换机只适用于小规模的网络环境。也就是说，没有办法连接大量的电脑通过一个开关，形成一个有效的网络。其中一个原因是，生成树算法是线性的。对于大量相互连接的开关，需要很长时间来构造生成树。另一个原因是，开关转发所有广播帧生成的大量设备的局域网。在有限的网络环境下（例如几十个甚至200个pc部），所有交换机都被转发以互相监听，所有的主机广播组仍然可行，但是在更大的环境下（例如，一所大学有数千台pc或在一个公司内），交换机和主机广播组太多，使得效率大大降低，导致网络变得非常慢。可以看出，当设计一个局域网，直接广播数据包到达的范围不应太大。

此处需要区分两个关键概念：冲突域和广播域。冲突域描述所覆盖的区域的一组网络设备共享网络访问媒体。一个以太网集线器组成了一个网络触摸掀域；以太网交换机的每个端口形成一个独立的冲突域，这大大减少了碰撞的机会访问网络。只要电脑双开关，这些端口的访问不同的端口配置为全双工，他们是在一个冲突域。

广播域是一个网络，只包括一个广播域的两个网络广播数据包直接到达。直接连接2层交换机都是在一个广播域，对应子网的概念。这意味着开关不能隔离广播数据包的传播，只有路由器能扮演多个广播域之间的"路由"，有效地防止本地广播数据包WAN的传播。

四、链路聚合技术和弹性链路

许多交换机支持链路聚合（trunk）技术和弹性链路（resilient link）技术。链路聚合将多个物理连接作为一个单一的逻辑连接，允许两个开关同时并行连接通过多个端口和传输数据，提供更高的带宽和吞吐量。一般来说，两个传统交换机之间的连接的最大带宽取决于介质的连接速度在（双绞线为200Mbps），而使用链路聚合技术允许4个200mbps端口绑定到高达800mbps的连接带宽。这种技术的特点是它可以增加绑定多个端口的带宽成本更低，但额外的开销只是使用多个网络电缆和多个端口。它可以有效改善子网的上行速度，从而消除网络访问的瓶颈。此外，链路聚合技术还支持自动带宽平衡，也就是说，具有容错功能，链路聚合将即使只存在一个连接，这实际上增加了系统的可靠性。

例如，在不使用链路聚合、MB以太网双绞线作为传输介质的情况下，介质特性决定了普通交换机的互连带宽仅为100mbps，如果采用全双工模式，则是最大带宽可以达到200mbps，从而形成骨干网络和服务器瓶颈。为了实现更高的数据传输速率，传输介质需要改变。以太网可以使用千兆光纤，升级到千兆以太网带宽可以达到千兆，但成本较高。如果使用链路聚合技术，可以捆绑在一起的四个接口实现800带宽，成本和性能之间的矛盾可以更好地解决。

弹性连接技术在高可用性环境中可用。链接的原则是一组被定义为链接的主要链接，另一组作为备用链接。当主要的链接不能正常工作，快速切换到备份链接，链接和交换机之间的联系是保证高可靠性和冗余。

五、交换机的类型及使用的技术

根据物理结构，开关可分为以下类型：

（1）独立式：这是一个廉价的工作组级设备，通常用8~24端口。

（2）堆叠式：堆叠交换机促进网络扩展。由于交换机之间的连接是通过开关底板进行，这种方法不仅可以方便地增加港口的数字显示，还有对整个通信速度影响不大。

（3）模块化：模块化交换机可以用于网络，支持多种技术，如令牌环和以太网。这个开关有一个更复杂的底板，可以插入到底板根据不同的需要与不同的功能模块，提供不同的功能。这些模块包括以太网模块、令牌环模块和管理模块。

模块化交换机拥有先进的功能，但如果所有模块共用一个电源，模块将无法在停电的情况下工作。因此，双电源和双板结构应该被选中。堆叠交换机，另一方面，不失败的同时，允许重要用户使用他们，他们是便宜的。

取决于交换机转发的数据选择端口，它可以分为"直通"（cut-through）模式和"存储转发"模式。

（1）直通模式：在接收头、开关开始传入帧转发到输出端口。这个操作模式工作更快，只要不犯错，帧的帧可以快速到达目的地根据其路径。然而，当帧组是错误的，可能会造成不必要的交通和交通拥堵。

（2）存储转发模式：开关接收到正确的帧存储转发到相应的端口之前。这种方法可以将两个网络与不同的速率，还可以检查帧的完整性，但它是更少的时滞。

根据开关是否支持SNMP网络管理功能，它有时被称为一个智能开关。

交换机有很多不同类型的端口。一个典型的开关有大量的非屏蔽双绞线（UTP）端口称为注册插座RJ-45电缆连接器的套接字。RJ-45是目前最受欢迎的电缆连接器连接主机和网络设备开关。当建立更大的网络，连接到一个开关的开关需要光纤电缆接口。工作组交换机通常不需要这样的一个接口。早期的交换机也有一个连接单元接口（AUI）端口，以太网收发器连接到10 base5以太网电缆。同轴电缆卡环连接器（BNC）端口用于连接到10Base2电缆。为了方便管理，用户可以连接到交换机和管理终端使用DB9连接器。此外，有一个叫做上行端口，用于连接一个切换到另一个，和港口的收发器上的线排列不同于其他港口。然而，近年来许多交换机提供了智能端口标识，以便每个端口可以自动适应接收和发送的端口。

六、VLAN

（一）VLAN的特点

VLAN（虚拟LAN）指的是端到端的逻辑网络，可以跨越不同网段、不同网络（如FDDI、ATM、lobase-t等）的基础上，开关和网络管理软件。VLAN功能可以实现只有在网站，构成一个VLAN是直接连接到交换机端口，支持VLAN和由相应的管理软件。

VLAN具有以下特点：

（1）有效地共享网络资源。大型平面拓扑网络经常受到大量的广播和偶尔的广播风暴，导致网络性能变差。过去，才可以解决这个问题，将网络分成更小的子网，用路由器互连。N提供了另一种解决方案。VLAN可以传输广播数据，也就是说，VLAN定义了一个广播域。

（2）简化网络管理。当用户的物理位置发生变化时，如跨多个局域网，网络设备的逻辑组可以由逻辑配置VLAN，无需重新布线或改变积极的地址。这些逻辑组可能跨越一个或多个两层交换机，或者可能是基于多个开关。

（3）简化网络结构，保护网络的投资。

（4）提高网络的数据安全，一个VLAN站点不能接收的数据在另一个VLAN。

（二）实现VLAN的方式

桥接网络拓扑结构可以被转换成一组VLAN的几个技巧。

（1）基于端口的VLAN技术：该技术几个港口在一个或多个交换机分为一组。网络设备确定成员基于它连接的端口。

（2）基于MAC地址的VLAN技术：该技术决定了VLAN成员根据网络设备的MAC地址。实现时，根据不同的VLAN MAC地址对应的交换机端口，实现VLAN广播域。

（3）基于协议的VLAN技术：该技术的集成是网站使用相同的OSI层3协议（如IP、IPX或Apple Talk等）到一个VLAN。有一些定义VLAN协议的政策：

①所有的第2层协议（如EP、IPX或Apple Talk）的流量。

②所有指定以太网类型的流量。

③所有携带源点和目的服务访问点（SAP）首部的流量。

④所有携带指定子网访问协议（SNAP）类型的流量。

（4）VLAN技术基于网络地址：划分VLAN的网络层地址（如IP地址或IPX地址）网站链接的开关，并确定交换机端口所属的广播域。政策包括定义的网络地址：

①IP网络地址和IP网络掩码。

②IPX网络编号和封装类型。

（5）VLAN技术基于定义规则：网络管理员可以定义用户一边VLAN，满足特定的应用程序需求根据特定的模式或值的指定域框架。所有网络网站与一个特定的模式或框架的特定值指定的域可能构成VLAN基于用户定义的规则。

第四节　路由器

从网络技术的角度来看，只有一种真正的网络设备，路由器。路由器将IP数据包的转发处理IP地址，形成一个虚拟的通信网络。这个虚拟IP通信网络互联异构通信网络，使网络具有可伸缩性。

一、路由器的结构

路由器工作在网络层，主要是通过处理数据包头部网络地址发送数据包从源到目的地。它负责接收从每个网络入口和数据包转发相应的退出。路由器使用多种路由协议为网际网路提供路由选择数据和动态控制网络资源，所以他们有更强的网络互连能力。

图3-8显示了一个通用路由器架构的总体视图，它标识了路由器的四个组件。

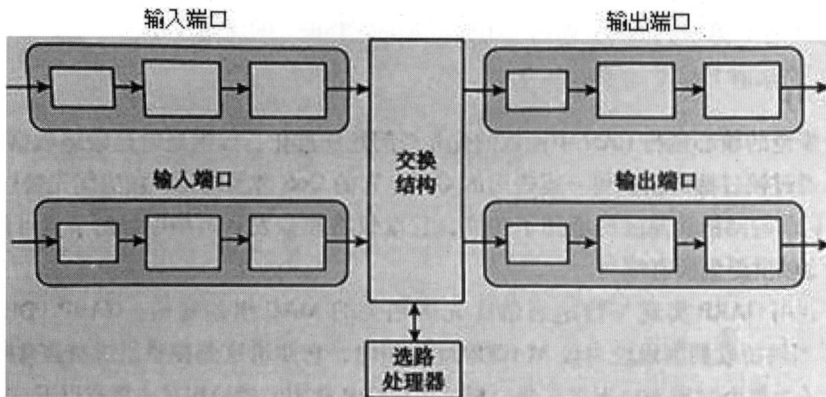

图3-8 路由器体系结构

（1）输入端口。输入端口执行一些功能：

①它执行的任务输入物理链路连接路由器的物理层。

②它执行的数据链路层的功能与数据链路层的交互输入链接。

③它还执行查找和转发功能，以便数据包转发到路由器的转换结构可以出现在适当的输出端口。控制包，如携带路由协议信息，从输入端口转发的路由处理器。事实上，在一个路由器，多个端口通常集中在一个路由器的线卡。

（2）交换结构。开关结构连接路由器的输入端口和输出端口。交换结构是完全包含在路由器，也就是说，它是一个网络在一个网络路由器。

（3）输出端口。输出端口存储转发数据包的交换结构和将这些数据包发送到输出链接。因此，输出端口完成了数据链路层和物理层的功能相反的顺序的输入端口。当一个链接是一个双向链接（携带两个方向的交通），输出端口连接到输入端口的连接通常成对出现在同一电路板。

（4）选路处理器。路由处理器执行路由协议，维护路由信息和转发，并在路由器执行网络管理功能。

开关结构的核心路由器。通过切换结构，组织可以切换从一个输入端口（向前）到一个输出端口。交换可以在许多方面。

（一）经内存交换

早期的路由器通常传统计算机，所以切换输入和输出端口的直接控制下完成CPU，相当于一个路由处理器。输入和输出端口就像一个操作系统的I/O设备。当一个数据包到达一个输入端口，端口第一信号路由处理器通过中断。然后复制组从输入进入处理器内存。路由处理器获取数据包的目的地址，找到适当的输出端口转发，并将数据包复制到输出端口缓存。注意，如果内存带宽是B包可以写入或读出每秒，总转发吞吐量必须小于B/2。

现代路由器也使用内存交换。但是，与早些时候路由器，输入行上的处理器执行目的地址的查找和分组的存储（切换）到适当的存储位置。在某些方面，经内存交换的路由器看起来很像共享内存的多处理器，它使用一个处理器在一个线卡交换数据包到内存中在适当的输出端口。Cisco的Catalyst 8 500系列交换机和Bay Networks Accelar 1 200系列路由器通过共享内存转发分组。

（二）经总线交换

在这种方法中，输入端口将数据包直接传递到输出端口通过一个共享的公共汽车，没有路由处理器的干预（注意，当内存交换），包还必须通过系统总线）。尽管路由处理器不涉及公共汽车运输，因为公共汽车是共享的，只能通过总线传输一个数据包。当数据包到达一个输入端口和总线发现忙转移另一个包，这是阻止，不能通过开关结构和排队的输入端口。因为每个数据包都必须跨越一个总线，路由器的转换由总线带宽是有限的。

在今天的技术，总线开关通常是足够的路由器接入网络或企业网络中运行（如LAN与公司网）总线带宽的一个千兆每秒（千兆）。总线切换已通过许多路由器产品，包括Cisco 1 900，年交换机数据包通过1Gbps分封交换的公共汽车。3Com的Core Builder5 000系统互联端口位于不同切换模块通过其Packet Channel数据总线的带宽2Gbps。

（三）经一个互联网络交换

一种克服单一的带宽限制，共享总线是使用更复杂的互联网络，例如用于互连多个处理器在多处理器体系结构。纵横开关是一个网络的2 n总线连接n输入端口输出端口。一组到达一个输入端口旅行沿着水平总线连接到输入端，直到水平总线与垂直总线连接到所需的输出端口。如果垂直总线连接到输出端口空闲，数据包传输到输出端口。如果该垂直总线用于转移另一个输入端数据包到同一个输出端口，传入的数据包被阻塞，必须排队在输入端口。

二、功能与分类

路由器的主要功能包括：

（1）转发：当一个数据包到达路由器的输入链接，路由器必须包移动到适当的输出链接。

（2）选路：当数据包从发送者到接收者流时，路由器必须决定哪些路径或路径这些。

（3）与网络接口：路由器提供了标准接口简单各种局域网和广域网互连。

（4）网络管理：路由器支持各种网络管理功能来实现其配置，性能监控。

路由器可以以几种不同的方式分类：

（1）根据通信能力可分为高档路由器、中间路由器和路由器。高端路由器主要用于大型网络骨干，中低端路由器中网络骨干和低级的路由器连接局域网主干访问。

（2）根据其功能可分为访问路由器，边界路由器或中继路由器。

路由器的性能指标包括：吞吐量、转发速度、时间延迟、通信协议支持，支持路由协议、网络接口类型，路由表容量，最长范围分配、路由协议收敛时间，多播支持、QoS支持和网络管理功能。

第五节　高层交换机

一、三层交换机的工作原理

从上面说说，在大型网络中不能使用第二层交换机，为了提高网络效率、隔离性，广播组需要被IT子网、路由器同时采用，考虑到有时网络中可能有大量的主机位于同一站点，所以人们发明了结合第二层交换机和路由器部分第三层交换机的特点。这个开关，也称为路由开关，操作在数据链路层和网络层。作为一个开关，它不仅有相同的属性层2开关，但也有一定的路由功能，只有它的路由功能与路由器相比是有限的。例如，一些港口可以设置为一个特定的IP子网，和一个端口可以被设置为"默认路径"通过数据包路由到另一个子网时传递。在这种情况下，重要的是要明确开关如何处理非例行包，是否桥或丢弃数据包。为了提高处理速度，三层交换机尽量使用交换、路由只在必要的时候。因为路由逻辑比切换逻辑复杂得多，它影响数据包传输的速度。

三层交换是第三层的网络模型，实现数据的高速转发数据包。三层交换技术的出现解决了情况后，局域网划分子网，子网必须依赖路由器进行通信，解决了低速和复杂性所造成的网络瓶颈问题传统的路由器。第二层和三层设备开关函数实际上是一个开关与第三层路由功能，这是一个两者的有机结合。

三层交换机工作这个过程如下：假设一个，B两个用IP通过三层交换机进行通信，发送者开始发出他们的IP地址和网站的IP地址B比较，以确定是否一个站点B和自己在同一子网。如果目的地站点B和发送站点在同一子网，二层转发的。如果这两个网站并不在同一个子网，然后发送者将与目的地B和发送站点发送ARP（地址解析）数据包的IP地址的"默认网关"实际上是第三层交换模块的三层交换机。当发送一个广播ARP请求的IP地址"默认网关"，如果三层交换模块已经知道站点B的MAC地址在前面的沟通，它将回复发送者A到B的MAC地址。否则，三层交换机模块广播ARP请求站点B根据路由信息，和站点B接收这个ARP请求和回复其MAC地址三层交换机模块。三层交换机模块保存这个地址，回复发件人，同时发送站点B的MAC地址的MAC地址表两层开关引擎。此后，B发送的数据包都移交给第二层交换处理、高速和信息交换。因为只有三层处理路由过程中需要和大多数数据转发通过两层交流，三层交换机的速度非常快，接近两层的速度开关，三层交换机的价格低于路由器和其他设备。

三层交换机的目标是控制路由网络同时在高速交换网络。它通常使用特定于应用程序的集成电路（Application Specific Integrated Circuit，ASIC）技术固化功能之前在软件到硬件实现。许多交换机使用多个ASIC并行，瞄准线速多个端口之间的转移率。三层交换机的另一个特点是，它只支持一个全功能的路由器的功能的一个子集。减少功能通常需要压缩代码，从而提高性能。例如，许多三层交换机提供IP路由的解决方案，但不支持多种协议。可以预计，在不久的将来，三层交换机将有更多的功能和发展走向一个全功能的路由器。然而，这是不可避免的妥协在函数、速度和简单。三层交换机的特点自动将数据划分为流。流水平或服务水平（CoS），提供某种形式的服务质量（QoS），和开关由几种队列具有不同服务水平等级的服务在适当的根据分组的优先级队列。在无连接网络（如以太网），因为的概念提供了一个有效的机制来传递高优先级数据。

二、四层交换设备

四开关三层和两层切换扩展到支持细粒度网络调优和优先级的流量。例如，对于使用TCP/IP协议的数据包，根据交换的两层开关MAC地址，三层交换机交换根据数据包的IP地址，但是开关进一步决定了货运目的地的交通根据TCP/UDP端口号。

四开关允许一级分组的应用程序，它允许网络管理员白天交通限制到特定的应用程序，使用一定的带宽为重要的应用程序。从本质上讲，但是转换提供了一种方法来实现网络中CoS。例如，一个企业可以选择减少Web或FTP流量和设定一个更高的优先级为简单的信息的电子邮件传输协议（SMTP）或Telnet。

第六节　访问服务器

访问服务器实际上是一个特殊的路由器，提供服务为远程PC用户连接到企业网络。用户连接到访问服务器通过电话线或ISDN调制解调器，然后通过访问服务器访问企业网络。

访问服务器可以是专用硬件设备或之后可以通过运行专用的软件多串口卡插入电脑。为了提供一些安全，访问这些服务器经常需要识别用户身份，也就是说，需要输入用户名和密码。有时回调提供了安全特性，这意味着当一个远程用户拨打到访问服务器，程序立即挂起来。在检查用户刚刚拨的电话号码，如果它被认为是一个有效的号码，访问服务器刻度盘线到远程用户。

以来访问服务器经常通过电话网络进行通信，必须使用特殊的设备称为调制解调器之间发送和接收计算机。在发送端，现代数字信号通过电脑转换成模拟信号，可以通过电话线传输的电话网络。在接收端，相应的模拟信号转换为计算机可以识别的数字信号。

调制解调器的工作过程如下：电脑问题上的通信软件拨号调制解调器（命令）

命令，和调制解调器拨号开始；当远程调制解调器接收拨号调用时，它返回一个应答信号拨号结束，之后双方握手和谈判的通信参数。握手后，调制解调器连接；现代carrier-detection信号发送回电脑，这电脑是透明的。简单地说，一个调制解调器有两个主要功能：一是调制和解调。调制的调制电脑输出"0"或"1"脉冲信号转化为相应的模拟信号传输一个电话线。解调是指模拟信号通过电话线转化为"0"和"1"脉冲信号被电脑。目前，调制和解调功能通常是由一个芯片DSP（数字信号处理）。另一个函数是实现硬件误差修正、硬件压缩和通信协议，这通常是由一个单一的控制芯片。当两个函数执行的硬件芯片，即所有功能执行调制解调器的硬件，现代被称为"硬调制解调器"。如果控制协议部分实现的软件和硬件实现的调制和解调功能，这样一个调制解调器被称为"半软调制解调器"。相应地；当两个函数中执行软件，现代被称为所有的软调制解调器。

第七节　联网物理介质

当一些旅行从一个端系统通过一系列链接和其他路由器，钻头多次传播。换句话说，经过一系列的传递和接收。每一对传输接收的电磁波或光脉冲在物理媒介传播到发送的目的。物理介质可以有许多形状和形式，一路上和传输介质不需要为每个传输接收对相同类型的。物理介质的例子包括缠绕铜线，同轴电缆，多模光纤电缆，地面无线电频谱，卫星无线电频谱。物理介质可分为两类：导引型介质（guided media）和非导引型介质（unguided media）。导引型介质，波沿着固体媒体如光缆、缠绕铜线或同轴电缆。对于非导引型介质，电波穿过空气或外部空间，如在一个无线局域网或数字卫星频道。

物理链路的实际成本（铜线、光缆等）通常是很小的成本相比其他网络。特别是,管道和劳动力的成本与安装相关的物理链路可以几个等级高于材料的成本。正是因为这一原因，许多建筑商已经安装了双绞线、电缆和同轴电缆的每个房间都建立在同一时间。即使只有一个媒介最初使用，很可能在不久的将来，将使用另一种媒体省钱通过消除需要额外的电缆躺在未来。

一、双绞线

双绞线是一种最常用的传播媒体在结构化布线。双绞线导体是两个相互绝缘的导线按照一定规则相互缠绕形成两个铜线的螺旋结构，外层包屏蔽层或塑料橡胶皮肤和形成。绕组是扭曲的目的两个连接在一起，以减少传输数据时它们之间的电磁干扰。在实践中，两个或四个这样的双电线通常是放在一起，每一对都是由不同的颜色区分，每一对的两行用不同的颜色加以区别。

双绞线是一种廉价、容易安装、高可靠性传输介质，适用于短距离传播。双绞线通常分为屏蔽双绞线和非屏蔽双绞线。

非屏蔽双绞线是由收集许多成对的双绞线在一起，用一个塑料涂层钢筋保护层。非屏蔽双绞线有抗干扰能力差和高误比特率，但它是便宜和易于安装。适用于点对点的连接和多点连接。100Ω的特性阻抗。目前，广泛使用的非屏蔽双绞线作为传输介质的计算机网络系统。

EIA定义了非屏蔽双绞线的六个质量水平和其他类型的双绞线（如超6类线）被标准化。

（1）第1、2类：主要用于语音和低速数据传输线在电话通信中，和它的最大传输速率是4Mbps。

（2）第3类：主要用于计算机网络数据传输线，其最大传输速率10Mbps。

（3）第4类：主要用于计算机网络数据传输线，其最大传输速率16Mbps。

（4）第5类：这是最常用的一种双绞线的最大传输速率100Mbps。

（5）第6类：这类双绞线传输200mhz以下特点，及其最大传输速率1 000Mbps。

非屏蔽双绞线连接接头是注册插孔RJ-45，也被称为水晶头。注册插孔RJ-45联合有8插槽分别对应4双绞线的线，连接方法应符合标准。任意的连接将在未来给维护工作带来困难。注册插孔RJ-45双绞线连接实际上是一个连接。有4双电线塑料保护层的无屏蔽的双绞线，其中白—橙色和橙色为一交扭对；白—绿色和绿色为一交扭对；白—蓝色和蓝色为一交扭对；白—棕色和棕色为一交扭对。由浅到深的顺序一般的白—橙色、橙色和白—绿色、绿色两个交扭对为一个收发对。RJ-45插头通常有八针，每个线程，一个和八个别针的顺序是1、2、3、4、5、6、7和8。双绞线和注册插孔RJ-45插头连接方法通常有一个直接连接和交叉连接。

二、光纤电缆

光纤电缆是一个薄，灵活的传输光束的媒介。光纤电缆芯由优秀的光学玻璃纤维或塑料导电性，外层的核心是涂布层，最外层是塑料的保护层。通常，有一个最外层保护层和涂料层之间的差距，可以充满细线或泡沫，或可以分离环和装满油，等。

在数据传输、光缆传输光波，外部电磁干扰和噪声不会影响光信号。在传输过程中，需要电信号转换成光信号，然后通过光缆传输和转换成电信号输出。发送或接收的数据需要处理的光电转换装置。光纤电缆的数据传输速度可以达到几千每秒传输距离可以达到数万公里，误比特率很低（10^{-9}~10^{-10}）。因此，光缆传输速率高的特点，比特误码率低、线路损失低，抗干扰能力强，保密性好，竞争力的价格等等。它是最潜在的信息传输技术的传输介质。在结构化布线系统中，骨干由光缆组成。

光纤电缆可以分为多种方式，通常根据纤维核心和涂层之间的传输方式，可以分为单模光纤和多模光纤：

（1）单模光纤：单模光纤的光传输在一条直线与一个单一的频率，没有折射。换句话说，一个单模光纤传输一种颜色的光。一般来说，单模光纤的核心直径小于$10\mu m$。

（2）多模光纤：多模光纤传输光的波与多个频率。多模光纤传输同时几个颜色的光线。一般来说，多模光纤的核心直径大于$5\mu m$介子和涂料层直径是100年和600年之间。

三、联网介质的选择

选择传输介质时，有必要考虑是否能满足网络要覆盖的距离。还有其他的因素需要考虑，比如用户容量，网络的可靠性，网络支持的数据类型，网络环境的范围。

双绞线缆被广泛使用，因为它们价格低廉的优点，安装方便，性能可靠。在结构化布线系统中，双绞线表现良好是否用于数据传输，或电话系统、综合应用。配线架或连接设备的连接也非常方便，所以对于构建复杂或建筑，办公室和其他系统能满足技术要求。

　　同轴电缆和双绞线相比，更高的价格，尽管它具有大容量的特点，高数据速率和传输距离长，但由于连接设备的可靠性不高，很少用于当前计算机网络布线。

　　光纤电缆具有低噪声、低损耗、抗干扰，等等，加上它的重量轻，体积小，所以在长距离传输，特别是在主楼复杂或建筑物的主线连接广阔的应用前景。

第四章

互联网时代背景下高校网络学习中心系统集成构建

第一节　网络系统集成的概述

一、网络系统集成基础

（一）网络系统集成概念

随着计算机和通信技术的发展，计算机网络通信技术在没完没了地出现。新技术近年来新兴包括全双工交换以太网三层开关，自动取款机，千兆以太网，虚拟专用网（VPN）、ADSL、混合网络，异构网络、宽带远程互联系统，等等。每个技术标准的诞生，可以带来大量的丰富多样的产品。每个公司都有自己的产品，和有功能和性能差异。这需要网络工程师熟悉各种网络技术，从客户应用程序和业务需求，充分考虑技术的发展和变化，帮助用户分析网络需求，根据需求选择技术和产品的特点，提供相应的网络系统。

网络系统集成，是以用户的网络应用需求和投资规模为出发点，综合应用计算机技术和网络通信技术，合理选择各种软硬件产品，通过相关技术人员的综合设计、应用开发、安装调试和培训、管理和维护等工作，的集成网络系统具有良好的性能价格比，满足用户的实际需要，成为一个稳定、可靠的计算机网络系统。

系统集成不是积累各种硬件和软件，系统集成，系统繁殖过程以满足客户需求为目的的增值服务，是一个价值创造的过程。在这个过程中，不仅每个部分所涉及的技术服务，为一个优秀的系统集成商，也注重整个系统，全面的无缝集成和计划。

（二）网络系统集成的体系框架

1. 环境支持平台

环境支持平台指的是环境保护，必须采取措施确保安全，可靠和网络的正常运行，主要包括机房和电源。

计算机机房包括位于网络管理中心或信息中心的放置网络核心交换机、路由器、服务器等网络关键设备的位置，还具有放置交换机的设备与各建筑物内的布线基础设施之间的位置、布线等位置。房间和设备之间的温度、湿度、静电、电磁干扰，光要求较高，在网络布线施工前的第一个房间设计、建筑和装饰。

电源为网络关键设备提供可靠的电力供应。理想的电力系统是UPS，它有三个主要功能，即电压稳定、备用电源和智能电源管理。一些单位的电源电压是不稳定的很长一段时间，构成严重威胁网络通信的安全性和生活和服务器设备，并能破坏宝贵的服务数据。因此，有必要配备一个稳定电源或UPS电源整流器和逆变器。权力的丧失由于电力系统故障，电力部门的疏忽或其他灾害有时是不可预测的。配备智能管理UPS适合网络通信设备和服务器接口，UPS电源时将调用一个值班过程，保存数据字段，使设备正常关闭。良好的供电系统是网络的可靠运行的保证。

2．计算机网络平台

计算机网络平台网络系统集成的关键，主要包括以下内容。

网络传输基础设施指的信息渠道为目的的网络连接。根据的要求距离、带宽、电磁环境和地理形式，它可以是室内综合布线系统，构建复杂的综合布线系统，人主干光缆系统，wan输电线路系统、微波传输和卫星传输系统。

网络通信设备指的是各种各样的设备连接到网络节点通过网络基础设施，统称为网络设备，包括网络接口卡（NIC），中心（中心）、交换机、三层交换机，路由器，远程访问服务器（RAS），现代设备、中继器、收发器、桥、网关等。

核心资源的服务器主机共享的一个组织的网络。网络操作系统是网络资源管理器和分配器。这两个网络基础应用平台的基础。

网络协议的目的是确保正确的传输网络中节点之间的信息和数据。它需要一个约定或规则对数据传输速率，序列，数据格式和错误控制，它是用来协调不同网络设备之间的信息交换。有很多网络协议在每一个不同的水平。例如，数据链路层有著名的CSMA／CD协议，网络层的IP协议集和IPX／SPX协议。系统集成技术人员只需要精通几个主要协议。

3．应用基础平台

应用基础平台主要包括数据库平台、互联网/内联网基本服务、网络管理平台和开发工具。

数据库系统还支持网络应用程序的核心。从人事和工资文件管理和金融体系，全国在线售票系统，集团数据仓库，全国人口普查和气象资料分析，数据库部门中起着重要作用。可以这么说："哪里有网络，有数据库。"

网络数据库平台由三部分组成：RDBMS、SQL服务程序和数据库工具。目前，流行的数据库包括Oracle（9i）、Sybase（ASE 12.0）、Microsoft SQL Server系列产品、IBM DB2和其他服务器产品。

Internet/Intranet基本服务是基于TCP/IP协议基础和Internet/Intranet体系基础之上，信息交流、信息发布、数据交换、信息服务为目的的一组服务程序，包括电子邮件（E-mail）、WWW（Web）、文件传送（FTP）、域名服务（DNS）等。今天，每当这组服务已经启动并运行，它标志着网络项目的结束。

网络管理平台根据不同品牌和网络设备采用的模型，但他们中的大多数支持SNMP协议，和HP Open View的基础是建立在开放的网络管理平台。为了统一网络管理平台的管理，习惯使用网络的产品制造商建立一个阿络时尽可能。

开发工具指的是一般的软件开发工具用于构建特定的网络应用系统，它主要分为三类：第一类为数据库开发工具，可分为通用数据定义工具、数据管理工具和表单定义工具，如Power Builder和Jet Form等；第二类为Web平台应用开发工具，包括HTML/XML标准文档开发工具（如Dream Weaver MX）、Java工具（Java Shop）和ASP开发工具（如Microsoft Inter Dev）等；第三类为标准开发工具，如Delphi、Visual Basic、Visual C++等。

4. 网络应用系统

工作应用系统以基于网络的应用平台为基础，满足网格单元的需求，由系统集成商为网格单元开发，或由本人的通用或专用系统开发，如财务管理系统、ERP-II系统、项目管理系统、远程教学系统、交易系统、电子商务系统、CAD/CAM系统、VOD视频点播系统等。建立网络应用系统表明，网络应用已进入成熟阶段。

5. 用户界面

网络的基本服务程序和网络应用系统程序一般在服务器端。关于用户界面？有三种主要的常见情况。

第一是客户/服务器（C/S）平台接口。用系统的程序分为客户端和服务器端，可以定义自己的操作系统平台。客户端主要负责界面交互、查询请求和显示的结果，而服务器处理客户端请求并返回结果。每个软件升级需要更换服务器和客户端。如果客户端工作站的数量很大，工作量大。

第二是Web平台接口，也称为浏览器/服务器（B/S）平台接口，它的特点是：无论变化在服务器端，客户端只需要安装Internet explorer或Netscape浏览器。软件升级，服务器端一旦完成，这是未来的发展方向。

第三是图形用户界面（GUI），这是基于窗口的任务界面下运行Windows 98/2000/XP/Server 2003服务器操作系统，它的Windows也不例外，需要服务器端文件系统和有更多的API调用。GUI太紧密地绑定到Windows 98/2000/XP/Server 2003服务器操作系统运行没有Windows。

6．网络安全平台

网络安全渗透所有级别的系统集成体系结构。网络的互操作性和信息资源的开放是容易被犯罪分子利用。越来越多的web服务应用程序使安全更令人担忧。作为系统集成商，在网络解决方案必须为用户提供清晰、准确的解决方案。但要注意的是：安全性和效率总是最大的矛盾。网络安全的主要内容是防止信息泄漏，黑客入侵，主要措施如下所述。

在应用程序层，用户对资源的访问通过认证，通过打开一个证书服务器在网络上或通过使用微软证书服务。这种方法有安全的最低水平。

在网络层，防火墙技术是用来把内部和外部网络，和包过滤技术是用来跟踪和隔离那些有不良意图。这种方法有一个中等的安全级别。

在数据链路层，一个通道或数据加密传输技术是主要用来传递信息，但可以解码的关键。这种方法有更高的安全级别。

在物理层，实施内部和外部网络物理隔离。这种方式的安全级别最高，但没有人希望国际米兰网，经常用于军事网络。

二、网络系统集成的基本过程与分层设计

（一）基本过程

网络系统集成的实现因项目的不同而不同。基本流程如图4-2所示。

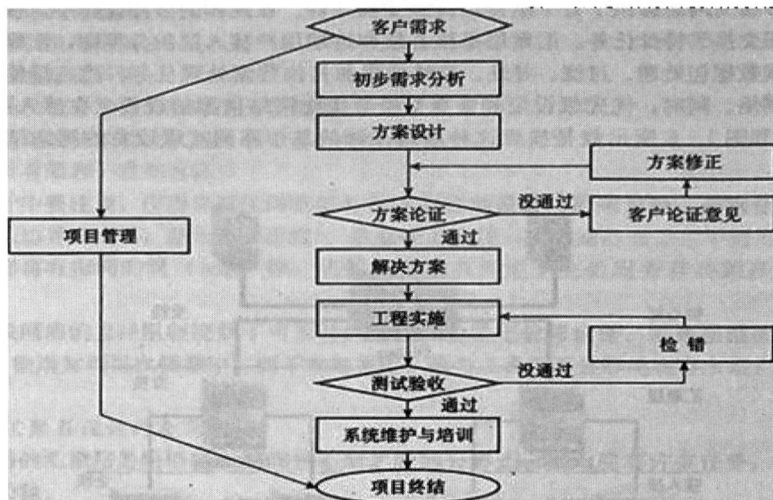

图4-2 系统集成的实施步骤

从图4-2中可以看出,网络系统集成需要时间坐标轴,基本上是分为四个阶段:需求分析、总体设计、施工验收、培训和维护。

需求分析是理解用户的网络需求,或用户对原始网络升级和重建的要求。网络设计师必须知道应用程序的目标,工程应用范围、网络设计目标和各种网络的网络应用程序。网络的应用约束分析从两个方面的业务约束和环境约束。网络的通信特点主要从流量的角度分析。

总体设计阶段由两个主要过程组成。首先是逻辑设计,包括网络层次结构设计(核心层、汇聚层、接入层),IP地址规划和设计、交换和路由协议选择设计和网络安全策略设计。第二种是物理设计,包括布线图设计、机房系统设计和供电系统的设计。

施工验收阶段主要包括网络综合布线、施工和验收的选择、网络设备和服务器的安装和调试,整体网络测试和验收、网络安全与管理。

在培训和维护阶段,培训应该为不同的用户提供不同的训练方法和内容。维护的主要任务是提供内容,方法和技术支持的方法,但需要提前协商。

(二)网络层次结构设计

目前,思科三层结构模型一般用于局域网设计相同的规模,如图4-3所示。这种三层结构模型将网络通信子网的逻辑结构分为三层,即核心层、汇聚层和接入层,每一个都有其特定的功能。

图4-3 三层结构模型

核心层为网络提供骨干或高速开关组件。在纯粹的分层设计，核心层仅执行特殊任务的数据交换。水槽层是核心层之间的接口和最终用户访问层。水槽层网络组件包完整的数据处理、过滤、处理、政策增强和其他数据处理任务。接入层使得终端用户能够接入网络。与此同时，带宽优先级设置交换和其他优化网络资源也在访问层中设置。

1. 核心层设计的要点

核心层是网络的高速交换主干，对协调沟通是非常重要的。核心层具有以下特点：

（1）提供高可靠性。

（2）提供冗余链路。

（3）提供故障隔离。

（4）快速适应升级。

（5）提供更少的延迟和良好的可管理性。

（6）避免慢包操作引起的过滤器或其他处理。

（7）有有限的和统一的直径。

设计中，应该注意的是，应该有一个约束直径的设计层次网络（所谓的直径是指啤酒花的数量从边界，边界路由器使用路由。这意味着将会有同样数量的啤酒花从网站到另一端通过主干；距离终点到服务器在树干上也是一致的。

互联网的直径限制提供可预测的性能和易于故障诊断。水槽层路由器和用户局域网可以添加到层次模型在不增加直径，因为他们两人会影响现有的终端的通信方式分。

2．汇聚层设计的要点

收敛层网络之间的分割点网络接入层和核心层。访问层有许多任务，包括实现以下功能：

（1）策略（例如，确保流量从一个特定的网络从一个接口转发和接收从另一个）。

（2）安全。

（3）部门或工作组及访问。

（4）广播/多播域的定义。

（5）虚拟LAN（VLAN）之间的路由选择。

（6）介质翻译（例如，在Ethernet和令牌环之间）。

（7）在路由选择域之间重分布（例如，在两个不同的路由协议）。

（8）静态和动态路由协议之间的分裂。

3．接入层设计的要点

访问层为用户提供访问本地网段（segment）中的部分。交换和共享带宽局域网在校园环境中反映访问层的特点。

（1）支持访问控制和政策汇聚层。

（2）建立独立的冲突域。

（3）建立工作组与汇聚层之间的连接。

4．层次化网络设计模型的优缺点

层次化网络设计模型具有以下优势：

（1）可扩展性。因为模块化分层网络，路由器，交换机等网络设备根据需要可以很容易地添加到网络组件。

（2）高可用性。冗余、备用路径优化、协调、过滤和其他网络处理使整个层次结构的高可用性。

（3）低时性。因为路由器隔离广播域，同时有多个交换和路由路径，可以快速传输数据流与非常低的延迟。

（4）故障隔离。故障隔离和分层设计很容易实现。模块设计可以通过合理地解决问题，加快故障诊断组件分离。

（5）模块化。分层网络的模块化设计使每个组件执行特定功能的网络，从而提高系统的性能，使得网络管理容易实现，提高网络管理的组织能力。

（6）高投资回报。通过系统优化和数据交换路径和路由路径的变化，在分层网络带宽利用率可以提高。

（7）网络管理。如果网络是建立高效、完美，网络组件的管理更容易实现。这将大大减少人员的招聘和培训的成本。

层次结构设计得也有一些缺点。例如，分层网络的初始投资明显高于平面网络建设的成本由于考虑冗余容量和使用特殊的交换设备。因为投资高分层设计，仔细选择路由协议的网络组件和处理步骤是非常重要的。

第二节　高校网络学习中心服务器与配置架构

一、服务器技术概述

（一）服务器的定义

服务器的英文名字是"Server"，它指的是特殊的特殊计算机网络环境为客户（Client）提供各种服务。在网络，服务器的关键任务进行数据存储、转发、出版等等，是不可或缺的重要组成部分，各种各样的网络基于客户机/服务器模式。

在狭义上，服务器是指一些高性能的计算机可以通过网络提供服务。与普通PC相比，它的稳定性、安全性、性能等方面更高的要求，所以它的CPU、芯片组、内存、磁盘系统、网络等硬件是和普通PC不同的。对于一个服务器，它需要达到五个主要特征，称为RASUM，即R：Reliability—可靠性；A：Availability—可用性；S：Scalability—可扩展性；U：Usability—易用性；M：Manageability—可管理性。

（二）服务器的硬件

服务器的硬件与计算机系统有许多相似之处，我们通常接触。主要的硬件包括以下部分：CPU、内存、芯片组、I/O总线、I/O设备、电源、机箱等。下面简要描述过的主要硬件。

1. CPU

CPU由运算单元和控制器组成。其内部结构分为控制单元、运算器、逻辑单元和存储单元。有两种主要类型的产品：一个是RISC指令架构处理器由IBM、HP、Sun等公司产品，另另一种是非RISC（包括CICS、VLIM和EPIC）指令架构处理器由Intel和AMD的产品。服务器的CPU通常支持多处理器架构。

在CISC微处理器的情况下，程序的指令顺序执行，在每条指令的操作。顺序执行的优点是简单的控制和执行缓慢的缺点。因为这种指令系统指令不平等的长度，指令数量更重要的是，编程和设计处理器是更多的麻烦。这是X86系列（也就是IA-32架构）的CPU由Intel和兼容的CPU，如AMD、VIA。当前的X86~64属于CISC的范畴。

RISC（Reduced Instruction Set Computing，精简指令集）指令系统的基础上发展起来的。CISC机器的测试表明，各种指令的使用频率是完全不同的。最常用的指令是一些相对简单的只占总数的20%的指令，但程序的频率占80%。复杂指令系统不可避免地增加微处理器的复杂性，使得处理器的发展需要很长时间和很多成本。而复杂的指令需要复杂的操作，不可避免地会降低计算机的速度。由于这些原因，RISC CPU产生。RISC CPU不仅简化了指令系统，但也采用一种所谓的"超载和超流水线结构"，这大大增加了并行处理能力。

RISC指令集的发展方向是高性能CPU，而不是传统的CISC（复杂指令集）。相比之下，RISC指令格式统一，更少的类，和更少的解决方法比复杂指令集。当然，处理速度得到了极大改善。目前，CPU的指令系统通常采用中、高端服务器，尤其是在高端服务器，都采用了RISC CPU指令系统。RISC更适合高端UNIX服务器操作系统。Linux也是一个类UNIX操作系统。

RISC型CPU与Intel和AMD，CPU不兼容的软件和硬件。有几种主要类型的CPU采用RISC指令中高端服务器：PowerPC处理器、SPARC处理器、PA-RISC处理器、MIPS处理器和Alpha处理器。

EPIC（Explicitly Parallel Instruction Computers，显式并行指令计算机）是RISC和CISC体系的继承者。以EPIC体系来说，它更像是一个重要一步RISC英特尔的处理器。理论上，EPIC体系设计的CPU并行能力特别强，以前处理器必须动态地分析确定最佳的代码执行路径；并行技术，处理器允许编译器对代码进行排序时提前和执行代码显式地安排。Intel公司采用EPIC技术的服务器CPU是安腾Itanium。

这是64位处理器和IA-64系列的一部分。微软还开发了一个代号为Win64支持操作系统软件。

采用X86指令集后，英特尔转向更先进的64位微处理器。这样做的原因是为了摆脱巨大的X86架构和介绍一个健壮的和强大的指令集。因此IA-64体系结构与IA-64指令集，对X86在许多方面是一个重要的改进。它突破传统的许多局限性IA-32架构和实现突破性的提高数据处理能力和系统稳定性，安全性、可用性、可管理性等方面。

IA-64微处理器的最大缺点是它缺乏X86兼容性。介绍了英特尔X86。IA-64解码器在（Itanium）X86指令转化为X86-to-IA-64解码器。处理器运行更好。这个解码器不是最有效的或最好的方法运行X86代码（最好的方法是直接在X86处理器上运行X86代码）。

VLIM指令字体采用先进清楚并行指令计算设计，每个时钟周期可以运行多个指令。同时，处理器结构简化和许多内部复杂的控制电路被删除。对于这些控制电路，VLIM手编译器。但CPU芯片基于VLIM指令集文字的程序很大，需要大量的记忆。更重要的是，编译器必须聪明。目前，VLIM指令字体主要用于Crusoe和Efficeon系列处理器。

SMP（Symmetric Multi-Processing，对称多处理结构）是指一组处理器的集合（多CPU），在电脑上共享内存子系统和CPU之间的总线结构。使用这种技术，服务器系统可以同时运行多个处理器和共享内存和其他资源。双重强劲，或我们称之为两个渠道，是最常见的在对称处理器系统（至强MP可以支持到4频道，AMDOpteron可以支持1~8频道，一些16频道）。过，总体而言，与SMP机器结构不够可伸缩有超过100多处理器。标准是8~16，足以让大多数用户。它是最常见的在高性能服务器和工作站级别主板架构，如UNIX服务器，可以支持多达256个CPU系统。

构建一个SMP系统的必要条件是：支持SMP的硬件，包括主板和CPU；端口SMP系统平台；和应用程序支持SMP。为了让SMP系统执行效率，操作系统必须支持SMP系统，如WIN NT、LINUX及UNIX32位操作系统，能够多任务和多线程。多任务意味着操作系统可以允许不同的cpu来完成不同的任务在同一时间。多线程操作系统的能力允许不同CPU并行执行相同的任务。

建立一个SMP系统上有高需求选择CPU。首先，A—PIC（Advanced

Programmable Interrupt Controllers）必须内置CPU单元。Intel处理器规范的核心是使用先进的可编程中断控制器（Advanced Programmable Interrupt Controllers，A-PIC）；第二，有相同的产品模型，相同类型的CPU核心，和相同的运行频率；最后，尽量保持尽可能相同的产品序列号，因为当两个生产批次的CPU运行双处理器，它可能发生，一个CPU负担过重，另一个是负担很少的情况，这可能不是最大化性能，甚至造成事故。

2. 内存

服务器内存不是明显不同于普通的个人电脑（PC）记忆在外观和结构，主要是由于引入一些新的和独特的技术在内存中，ECC和Chip Kill等。

内存的错误更正功能（Error Check & Correct，ECC）内存的函数不仅使得数据的内存有能力检查，但也使得内存数据纠错的功能。奇偶校验提供了系统内存1比特错误检测能力，但不能处理多位错误，没有办法来纠正错误。它使用一个单一的保护8位数据。ECC保护64位和7位，它使用一个特殊的算法，包含足够的细节在这7位能够恢复一个受保护的数据有些错误，检测2、3或4比特错误。

大多数主板支持实际与标准平价ECC模式ECC内存模块。因为64位奇偶校验内存实际上是72位宽，有足够的ECC比特。ECC支持特殊的芯片，结合奇偶校验比特ECC所需的七位。芯片通常允许ECC包括报告来纠正错误的操作系统，但并不是所有的操作系统都支持它。Windows和Linux检测这些信息。

ECC内存可以同时检测并纠正单比特错误，但如果超过两位同时检测到错误，通常是无助。Chipkill技术使用内存子结构方法来解决这个问题。的想法是，一个芯片上，不管怎样的宽度数据，效果最多一点对于一个给定的ECC标识符。

例如：如果一个4比特广泛使用DRAM，每一位的4位的奇偶校验会形成不同的ECC标识符，这是存储在一个数据，也就是说，在一个不同的地址的内存空间。因此，即使整个内存芯片出现故障，每个ECC标识符最多也只有1位的不良数据，这种情况可以通过ECC逻辑完全修复，从而保证内存子系统的容错能力，保证服务器在发生故障时具有较强的自恢复能力。内存使用这个内存技术可以同时检查和修复错误数据位，四个服务器的可靠性和稳定性更充分地得到保障。

Chipkill技术是由IBM开发的一个新的ECC内存保护标准解决短缺的ECC技术。

3．服务器硬盘

如果服务器是网络的核心数据，然后服务器硬盘是核心数据仓库，所有的软件和用户数据存储。为了使硬盘适应工作环境和大量的数据和长时间工作，服务器通常采用高速、稳定、安全的SCSI硬盘。出于安全原因，硬盘经常用作阵列中的磁盘和形式的突袭。

RAID是一种技术，它结合了多个独立的硬盘（物理硬盘）以不同的方式形成一个硬盘组（逻辑硬盘），提供比单个硬盘更高的存储性能和提供数据备份。形成的磁盘阵列的不同方式被称为RAID级别（RAID Levels）。数据备份的功能是恢复受损的数据和备份信息一旦破坏用户数据，以保证用户数据的安全。从用户的角度来看，就像一个硬盘，一组磁盘可以由用户分区和格式化。

RAID技术经过不断的发展，现在有RAID 0~6、7个基本的RAID级别。另外，还有一些基本的组合形式RAID级别，如果RAID 10（RAID 0和RAID 1）、RAID 50（RAID 0和RAID 5）等。不同的RAID级别代表不同的存储性能、数据安全性和存储成本。

与IDE接口相比，SCSI接口（Small Computer System Interface，小型计算机系统接口）具有以下性能优势：①智能接口独立的硬件设备；②减轻CPU的负担；③多个I/O并行操作，SCSI设备传输速度快；④可以连接到外围设备的数量（如硬盘、磁带机、CD—ROM等）。

当有更多的网络用户访问服务器的同时，系统的I/O性能明显优于使用SCSI硬盘系统使用IDE。SCSI总线支持快速的数据传输。当前的SCSI设备通常具有8位或16位SCSI传输总线。在一个多任务操作系统，比如Windows服务器，多个SCSI设备可以开始在同一时间。SCSI适配器通常传输数据到内存使用主机的DMA（直接存储器存取）通道。这意味着SCSI适配器可以传输数据到内存没有主机CPU的帮助。管理数据流，每一个SCSI设备（包括适配器卡）有一个身份号码。通常，SCSI适配器id号设置为"7"，其余设备的id号是"0"~"6"。

大多数基于pc的SCSI总线使用单端收发器发送和接收信号。然而，随着传输速率的增加和电缆延长信号变得扭曲。差动接收器可以添加到SCSI设备总线的长度，并确保最大化信号不失真。一个微分收发器使用两条线来传输信号。第二行是信号脉冲的反拷贝。一旦信号到达其目的地，两条线的电路比较了脉冲并产生原始信号的正确副本。一种新的微分收发器LVD（低电压微分收发器）可以提高总线长度和提供更高的可靠性和传输速率。LVD15可以连接设备，最大总线长度为12米。

4. I2O

I2O的缩写"Intelligent Input & Output"在英语中，这意味着在中国"智能输入/输出"，它是智能I/O系统的标准接口。

因为PC服务器的I/O体系结构源于单用户电脑桌面，而不是专用服务器用来处理大规模任务，一旦他们成为网络中心设备，传输的数据量大大增加，所以I/O数据传输往往成为整个系统的瓶颈。I20智能输入/输出技术向智能I/O系统分配任务。在这些子系统，专用I/O处理器负责乏味的任务，比如中断处理，缓冲区访问和数据传输，从而提高系统的吞吐能力和释放服务器的主处理器来处理更重要的任务。

（三）服务器分类

服务器根据不同的标准进行分类，得到不同的结果。常用的分类方法是由应用程序结构和水平。

1. 按结构分类

（1）塔式服务器。因为它的外观和结构类似于垂直电脑我们通常使用，所以它被称为塔式服务器。当然，由于服务器主板扩展性强，所以它比常见的主板是头有点大，所以塔式服务器主机盒比标准的ATX盒比较大，一般预留足够的内部空间为未来的硬盘和电源冗余扩张。

由于大底盘的塔式服务器，服务器的配置也可以很高，冗余扩展可以完成，所以它的应用范围很广。应该说，目前使用率最高的塔式服务器。平时我们常说的常见服务器一般是塔式服务器，它可以收集各种公共服务应用于一身，无论是速度应用程序或存储应用程序，可以使用塔式服务器来解决。

（2）机架式服务器。机架服务器看起来不像电脑，但就像一个开关1U（1U=1.75in=4.45cm）、2U、4U等规格。机架服务器是安装在标准19in在柜子里。这个结构是功能的服务器。

一般来说，1U服务器保存最空间，但它的性能和可伸缩性不佳，适用于一些应用程序的业务是相对固定的。产品上面的4U有很高的性能和良好的可伸缩性，通常支持超过4高性能处理器和大量的标准组件热插拔。其管理也很方便，制造商通常提供相应的管理和监控工具，适用于高流量的关键应用，但其体积大，空间利用率不高。

（3）机柜式服务器。在一些高档企业服务器，因为内部结构复杂，内部设备更重要的是，一些人仍然有很多不同的设备单元，或几个服务器都放在一个柜子。这种服务器机柜服务器类型。

（4）刀片式服务器。刀片服务器是一个标准的高度架底盘可以与多个卡插入服务器单元，实现高可用性和密度。每个"刀片"实际上是一个系统主板。从"车载"硬盘（如Windows NT/2000、Linux等）引导操作系统，并充当单独的服务器。在这种模式下，每个主板运行自己的系统，服务于不同的用户，他们之间没有相关性。然而，管理员可以使用系统软件将这些主板聚合成一个服务器集群。

在集群模式下，所有的主板都可以连接到提供高速的网络环境，共享资源，为相同的用户群服务。插入新的"刀片"到集群提高整体性能。因为每个"刀片"是热插拔，系统可以很容易地替换为最小的维修时间。

2．按应用层次分类

除以应用程序级别通常被称为"按服务器档次划分"或"按网络规模划分"，这是最常见的方式把服务器。主要分为根据级别的网络中服务器的应用程序（或服务器）的水平。应该注意的是，这里的服务器级别指不是划分根据服务器CPU的主要频率，但根据整个服务器的整体性能，特别是根据一些特定于技术的采用。因此，服务器划分为入门级服务器、工作组服务器、部门级服务器和企业级服务器。

（1）入门级服务器。这种服务器是最基本的，但是同样的最低水平。与+服务器和电脑配置相似，所以现在有些人认为改善，现在许多入门级相同的。这种服务器包含疆服务器特性并不多，"PC服务器"等等。

①在一些基本的硬件冗余，如硬盘、电源、风扇等，但并非必要。

②通常使用SCSI（小型计算机系统特殊接口）接口硬盘，现在还有一个SATA串行接口。

③部分支持热插拔，硬盘和内存等，这些都是没有必要的。

④通常只有一个CPU，但不是绝对，比如一些太阳入门级服务器可以支持2处理器。

⑤内存容量不会很大，一般在1GB，但通常用ECC纠错技术服务器专用内存。

这种服务器主要使用Windows或Net Ware网络操作系统，可完全满足文件共享的需求，数据处理、互联网接入和中小网络用户的简单数据库应用程序。这个服务器非常类似于普通电脑，和许多小公司简单地使用一个高性能的品牌电脑作为服务器，服务器是没有不同于高性能PC的性能和价格。例如，戴尔最新的Power Edge 4 000 SC成本只有5 808元。惠普与类似的一个入门级服务器的配置和价格。

入门级服务器连接到一个有限数量的终端（通常约20），及其稳定性、可伸缩性和容错冗余性能差。他们只适合小型企业没有大型数据库的数据交换，小日常工作网络流，不需要启动持续很长一段时间。指出应该解释发展，然而目前一些相对较大的服务器制造商也分几个级别的企业级服务器想谈谈之后，最低水平是一个企业级服务器类称为"入门级企业级服务器"。术语"入门级"一样没有意义这个词"入门级"，但它是一种相对少见的区别。

另一个观点是，这些服务器通常使用专用服务器CPU芯片由英特尔，基于英特尔架构（俗称"IA结构"）。当然，这不是一个硬性的标准，但服务器的应用程序级别的需求和价格限制。

（2）工作组服务器。工作组服务器的入门级高一个档次，但它仍然是一个低端服务器。顾名思义，它只能连接到尽可能多的用户工作组（50左右），有一个小的网络，和不稳定的企业服务器。当然，其他性能要求也相应降低。工作组服务器具有以下特点。

①通常，只有CPU或双CPU支持应用程序服务器（但不总是这样，特别是太阳工作组服务器可以支持多达4个处理器。当然，这种类型的服务器的价格是不同的。）。

②可以支持大容量的ECC内存和增强SM总线的服务器管理功能。

③使用英特尔服务器CPU和Windows / Net Ware网络操作系统，而是一个系列的UNIX操作系统的一部分。

④能满足中小型网络用户数据处理、文件共享、互联网接入和简单的数据库应用程序的需要。

相对于入门级服务器、工作组服务器的性能有所提高，增强其功能和具有一定的可伸缩性。但是容错和冗余性能仍不完美，不能满足大型数据库的应用系统，价格昂贵得多比前者，一般相当于2或3高性能电脑品牌的价格。

（3）部门级服务器。这种服务器属于中产阶级服务器通常是支持上面的双CPU对称处理器结构，有很完整的硬件配置，如磁盘阵列存储架等等。艺术服务器最大的特点是：除了具有所有服务器工作组服务器、集成电路的特点外，大量的监控和管理具有全面的服务器管理能力，能够监控温度、电压、风扇状态、机箱等参数，并结合标准服务器管理软件，使管理人员及时了解服务器的工作状态。

同时，大多数部门级服务器具有优良的系统扩展性，可以满足用户在线升级系统业务数量迅速增加，在时间，充分保护用户的投资。它是一个重要的链接分散基层数据采集单元的企业网络保持光滑与数据中心在顶层。一般中型企业的首选，也可用于金融、邮电等行业。

部门级服务器通常采用CPU芯片由IBM、SUN和惠普分别。这种芯片通常RISC结构采用系列和UNIX操作系统。目前，Linux也广泛应用于部门级服务器。而IBM、HP、SUN、COMPAQ（现在已并入HP公司）是唯一能够生产部门服务器，更多的现在可以这样做，其他服务器供应商提高他们的技术。有几个国内有这个力量，如联想、曙光、浪潮等。当然，因为没有行业标准来确定什么样的服务器配置可以被认为是部门服务器，所以现在有很多实力不强的企业也自称有部门服务器，但其产品配置基本上与入门级服务器相同，用户需要注意。

部门级服务器可以连接大约100名电脑用户和适合一些中小型企业网络具有高处理速度和系统的可靠性。他们的硬件配置相对较高，可靠性高于工作组级服务器。当然，他们的价格也更高。因为这些服务器需要安装多个组件，底盘通常是更大的。在正常情况下，机柜可以应用类型。

（4）企业级服务器。企业级服务器属于高端服务器。因此，可以生产的服务器企业并不多，而且也因为没有行业标准强制性的企业服务器需要达到什么水平，所以现在也看到，很多企业不应该有开发和生产企业服务器的水平声称拥有企业服务器。企业服务器使用对称多处理器结构4CPU至少一些多达数十人。一般来说，它也有独立双PCI通道和内存扩展板设计，高内存带宽、大热插拔硬盘热插拔电源，超级集群数据处理能力和性能。

这些企业服务器情况下更大，通常内阁类型，有时由几个柜，像大型机。除了所有的部门服务器的服务器特性，企业服务器产品的特点是它的高容错、优秀的膨胀性能、故障预测，在线诊断和热插拔内存的性能、PCI、CPU、等。一些企业服务器引入大型计算机的许多最好的特性，企业如IBM和SUN服务器。

这些服务器中使用的芯片是独一无二的CPU芯片开发的主要服务器和由制造商自己，和操作系统通常UNIX或LINUX（Solaris）。目前，只有IBM、HP和SUN

可以生产高档企业级服务器在全球范围。大多数国内外的企业级服务器制造商只能归类为中等或低品位企业级服务器。

企业级服务器适合运行在金融、证券、交通、邮电、通讯、或大型企业，需要处理大量的数据，高处理速度、高可靠性的要求。企业级服务器用于大型网络与数以百计的联网计算机和高处理速度和数据安全需求。企业服务器硬件配置是最高，系统可靠性是最强的。

二、DNS 服务器的架设

Windows Server 2008可以定制的安装网络服务组件通过服务器管理。它默认不安装任何组件，但提供了一个单独的用户登录到web服务器。

（一）DNS原理

DNS（Domain Name System，域名系统）是一个非常重要的系统在TCP / IP网络体系结构。域名服务器DNS的外观，满足域名的需要翻译的巨大网络。DNS负责将主机名转换成实际的IP地址，而且它还可以将IP地址到主机名。这个翻译的过程被称为域名解析，和服务器负责域名解析被称为域名服务器。

DNS服务器完成地址位置和服务通过使用熟悉的英文名字（比如www.baidu.com）而不是相应的IP地址（比如202.108.22.5）。

域名服务器的网络，每个网络域名构成分布式数据库系统，和每个网络域名系统的维护自己的域的数据库信息。每个DNS提供数据库信息检索和查询根据某种协议。确保DNS服务可以保证可靠的解决方案服务，共同建立一个主DNS服务器和至少一个辅助DNS服务器在网络。

（二）添加DNS服务器角色

（1）启动服务器管理器，单击"开始"—"管理工具"—"服务器管理器"命令。

（2）在"选择服务器角色"界面勾选"DNS服务器"项，单击"下一步"按钮，系统显示DNS服务器简介。

（3）单击"下一步"按钮，弹出DNS服务器安装确认界面。

（4）单击"安装"按钮，开始安装DNS服务器。显示安装成功界面。

安装完成后，单击"确定"按钮退出。如果要使其工作，还应进一步配置。

（三）在DNS服务器中创建搜索区域

配置一个DNS服务通常包括两个方面：首先，将一个域名到IP地址，称为正向解析；另一种是将IP地址转化为对应的域名，称为反向解析。

1. 建立域

创建一个名为myserver.com的新领域，当前域服务器IP是起始地址转换成192.168.1.2，掩码为255.255.255.0，使它成为域主DNS服务器，步骤如下。

（1）右键单击计算机的名称，然后选择快捷菜单命令"新建区域"命令。

（2）弹出对话框，有三个选择：

（1）主要区域：地方存储和解析这个服务器上执行。

（2）辅助区域：存储和解决在其他服务器上只有一个备用区域，弃用了负载平衡服务器超载时，错误处理异常也可以到主DNS服务器。

（3）存根区域：根区域用于保存的信息不是解析。

新建一个主DNS区域，所以选择"主要区域"，并单击"下一步"按钮。

（3）选择DNS控制器服务范围。

（4）单击"下一步"按钮，弹出对话框。在"区域名称"中填入本域的域名"myserver.com"。

（5）单击"下一步"按钮，弹出对话框，集的动态更新类型新创建DNS区域，其中包含三种方法：

（1）DNS服务器的域只允许动态更新其他DNS域。

（2）允许其他非可信区域动态更新DNS区域的内容区域。.

（3）更新不允许，只能由DNS管理员手动更新。

选择"只允许安全的动态更新"。

（6）单击"下一步"按钮，弹出一个对话框。单击"完成"按钮创建新的解析。

2. 建立DNS服务器的反向解析区域

（1）在"反向查找区域"选项上右击，然后从弹出的快捷菜单中选择"新建区域"。

（2）单击"新建区域"命令，弹出向导对话框。

（3）单击"下一步"按钮，弹出一个对话框，选择反向区域设置的类型。在此选择"主要区域"，建立主DNS的反向区域。

（4）单击"下一步"按钮，弹出一个对话框，选择"至此林中的所有DNS服务器（A）"。

（5）单击"下一步"按钮，弹出一个对话框，选择"IPv4反向查找区域"。

（6）单击"下一步"按钮。在对话框中，在"网络ID"中填入此DNS服务器解析的网段"192.168.1"。

（7）单击"下一步"按钮，弹出一个对话框，设置为反向DNS解析区域数据更新方法。在此，选择"只允许安全的动态更新"

（8）单击"下一步"按钮，弹出对话框。单击"完成"按钮，完成反向区域的建立。

（四）DNS的其他设置

在创建一个新的DNS服务器主区，DNS域管理器自动建立发起者授权，其领域相关的名称服务器和主机地址信息区。这些数据被称为资源记录。通常，资源记录包含一个特定主机的信息，如主机名称、所有者、IP地址或是提供服务的类型。常见的资源记录类型包括起始授权机构SOA（Start Of Authority），名称服务器NS（Name Server）、主机记录A（Address）、别名记录CNAME（Canonical NAME）、邮件交换主机MX（Mail eXchange）和指针PTR（Poin TeR）。

为了使DNS服务器成功地执行客户的分辨率的要求，与主机相关的数据必须被添加到DNS服务器。下面的任务的例子显示了如何设置一个正向解析地区的记录。

（1）在正向区域中添加主机记录，解析www.myserver.com为192.168.1.3。

①在DNS管理器中，在"正向查找区域"中选择"myserver.com"添加主机记录，然后点击鼠标右键，弹出快捷菜单。

②选择"新建主机"菜单项，弹出对话框。

③在"名称"主机名，"完全合格的域名"将显示在主机领域的全名。然后，输入IP地址的主机域名的"IP地址"。

④单击"添加主机"按钮，在DNS服务器转发解析区myserver.com中添加转发解析记录。

（2）在反向区域中添加指针记录，解析192.168.1.3为www.myserver.com。

①在DNS管理器中，选中"反向查找区域"中的"192.168.1.x.Subnet"，右击，将弹出一个对话框。

②选择"新建指针（PTR）"，弹出对话框。

域中的资源记录创建以来，网段的IP地址是由反向域名的网段信息。输入的姓名域名对应的IP地址的主机名。填写"www.myserver.com"。如果已经存在相应的域名，或者为了避免错误或冲突，单击"浏览"按钮，弹出一个对话框，选择相应的主机名的记录定义正向解析区域。最后，单击"确定"按钮，完成附加的资源记录。

③反向DNS服务器将生成一个带资源记录。

（3）为正向搜索区域添加一个与2008server myserver.com指向同一IP地址的另名dns.myserver.com。

①选择"新建别名"选项。

②输入一个主机"别名"在这一领域的别名，最后域名将显示在"完全合格的域名"。然后，填写的"目标主机的完全合格的域名"别名引用目标主机。

③单击"确定"按钮，完成添加别名主机记录。

三、DHCP 服务器的架设

（一）DHCP的工作原理

DHCP（Dynamic Host Configuration Protocol，动态主机配置协议）是一个简化的主机IP地址分配管理协议。它是一种标准协议TCP/IP协议的家庭。它会自动将IP地址传递给发出请求的客户机计算机手动来减少所需的工作量分配和追踪IP地址分配给客户端。

动态分配IP地址使用DHCP，至少有一个服务器的网络需要DHCP服务安装。使用DHCP客户机还必须有能力自动从DHCP服务器请求一个IP地址。

DHCP客户端是刚开始的时候，它会自动与DHCP服务器通信，由DHCP服务器分配一个IP地址的DHCP客户端直到租约到期，然后恢复了DHCP服务器和其他DHCP客户机可用。

（二）DHCP服务器的安装与设置

在安装DHCP服务之前，要准备好以下：

首先，DHCP服务器本身应该有固定的IP地址、子网掩码，默认网关，等等。

第二，计划的范围DHCP客户机可以使用的IP地址。

1．DHCP的安装

（1）点击"开始"菜单—"管理工具"—"服务器管理器"命令，然后单击"角色"在左边的面板中，再单击"添加角色"在右侧面板中。

（2）复选框的"动态主机配置协议（DHCP）"。

（3）单击"下一步"按钮，弹出DHCP服务器的简要介绍。

（4）单击"下一步"按钮，进入"选择网络连接绑定"。安装程序检查服务器有一个静态IP地址，如果是这样，显示它。

（5）输入域名和DNS服务器的IP地址。通过整合DHCP和DNS、DHCP时更新IP地址信息，相应的DNS更新同步计算机IP地质协会的名字。

（6）进入地址并点击"下一步"按钮，然后指定IPv4 WINS服务器设置。对于一些企业来说，一个企业网络，其中包含计算机使用NetBIOS名称和电脑使用域名需要两个赢了服务器和DNS服务器。当然，如果没有，选择第一项并单击"下一步"按钮。

（7）接下来添加DHCP范围。范围是电脑的IP地址的分组使用DHCP服务的子网为便于管理。

（8）增加了IPv6支持下一代IP地址规范在默认情况下在Windows Server 2008，但IPv6是很少使用在当前的网络情况，所以你可以选择"禁用这个服务器DHCPv6无状态模式"。

（9）下一个授权DHCP服务器。因为你以Administrator登录。

（10）确认安装选择。如果没有问题，请单击"安装"按钮，开始自动安装。如果你发现一个问题的设置，点击"上一步"重置。

（11）最后提示安装成功与否。

在这一点上，一个基本的DHCP服务器配置完成。这样物理连接网络自动分配IP地址，每个计算机能与其他计算机通信不受干扰。

2．DHCP属性的设置

DHCP设置根据向导后，它仍然可以被修改，如下所示。

（1）在DHCP设置区域，单击右键弹出快捷菜单，选择"属性"菜单项。

（2）在弹出的对话框中有四个选项，包括项目的设置，我们可以设置相应的DHCP属性变化，这里只有三个常用的选项来介绍。

①常规属性：包含的变化范围的域名，地址范围，租赁期间。

②与DNS有关的设置：设置DHCP和DNS对应设置DNS的记录内容。

③高级选项：选择一个分配政策为其他客户提供动态主机地址分配。

（三）DHCP客户端配置

这部分配置与Windows XP客户端对象。

DHCP服务器配置后，客户端主机的网络需要完成以下设置要使用DHCP服务自动获得IP地址：

（1）在客户端主机桌面右击"网上邻居"，在弹出的快捷菜单中选择"属性"，然后在弹出"网络和拨号连接"窗口中右键单击"本地连接"，并选择"属性"。

（2）在"本地连接"属性选项卡，双击"Internet协议（TCP/IP）"对话框。选择设置为IP地址和域名服务器是"自动获得"。

（3）单击"确定"按钮。通过这种方式，客户端可以使用的主机的IP地址自动DHCP服务器为网络访问提供的。

四、IIS 的配置

（一）DHCP的工作原理

简称WWW是万维网的缩写，中文名字是万维网，互联网是一个重要的应用。它提供多媒体信息信息服务基于文本、图形、视频、音频等。核心技术是HTTP、HTML、URL。

基于TCP HTTP是一个面向对象的协议，通常使用TCP端口80。它精确地定义了请求消息和响应消息的格式，以确保通信不产生歧义。

HTML是一种超文本标记语言，这是一种标记语言开发了基于SGML是SGML

的子集。它以标准化的方式组织文档，以便它可以被正确地通过各种Web浏览器和观众的屏幕上显示。URL代表资源状态，用户可以使用它来指定要访问的协议类型的服务器，服务器在互联网上，和文件的服务器。

WWW使用浏览器/服务器（B/S）工作模式，浏览器的作用是使HTTP请求，并在HTML页面的形式显示文件内容。Web服务器的作用是将网页从网站发送到响应浏览器请求的浏览器。

常用于架设服务器的软件有IIS、Apache、Tomcat等，IIS、Apache用得最多。

（二）IIS服务器的安装

IIS7为网络管理员和网络爱好者提供更丰富、更容易使用管理工具，以及新的设计和改进管理和安全。从用户的角度来看，IIS7更容易和更快的为个人用户建立自己的网站。企业用户可以维护和管理自己的Web环境更全面、更安全。。

IIS服务器安装步骤如下所述。

（1）单击"开始"菜单—"管理工具"—"服务器管理器"命令，然后单击左侧的"角色"，再单击右侧的"添加角色"，并勾选"Web 服务器（IIS）"。

如果你是首次安装IIS，单击"下一步"按钮，弹出"是否添加Web服务器所需的功能"对话框。单击"添加必需的功能"按钮来安装必要的特性。

（2）单击"下一步"按钮，进入IIS简介。

（3）单击"下一步"按钮，选择要安装的功能。

（4）单击"下一步"按钮，确认选择。

（5）单击"安装"按钮，安装成功。

（三）Web站点的建立

1. 添加网站

在IIS，位置用于发布信息互联网叫做主目录或根节点，主要设置网页的主页的网站和一些相关文件，动画，声音，图像等。用户可以进一步浏览其他网页内容通过点击主页或相关链接。主目录是一个必须为每一个网站，它的目的是告诉游客访问所有文件所在地的快速链接。

例如，如果网站的互联网域名是www.myserver.net，和主目录D：/共享/web，D：/共享/web目录可以访问用户的浏览器使用http://www.myserver.net。

（1）选择"开始"—"管理工具"—"Internet信息服务（IIS）管理器"命令。

（2）单击"Internet信息服务（IIS）管理器"，界面出现。在这个控制台，您可以完成设置IIS。

（3）在Internet信息服务管理器中，选择"网站"节点项，然后右键单击节点图标，在弹出的快捷菜单中选择"添加网站"命令。

（4）弹出对话框。输入的目录网站文件驻留在"物理路径"，使用的IP地址和端口，支持的主机名的网站。

2．虚拟目录的创建

当资源文件IIS服务器上存储在不同的目录，需要建立一个"虚拟目录"来管理不同的资源的位置，这样用户可以有更好的统一访问的资源。访问一个虚拟目录中的一个文件是一样的，如果它是在主目录，但其物理位置不在主目录。

为用户创建一个虚拟目录，你必须计划名称为Web浏览器提供了一个id访问的目录名称。这个标识使用的站点管理员建立一个URL地址之间的关系及其对应的实际目录。

创建一个虚拟目录别名my_blog，实际位置E：/my_blog_site，相应的URL地址为http://www.myserver.net/my_blog，步骤如下所述。

（1）在IIS管理器窗口中，右击"默认网站"，在弹出的快捷菜单中选择"新建"—"添加虚拟目录"菜单项。

（2）在弹出的对话框中，输入虚拟目录别名和物理路径。

五、流媒体服务器配置

（一）流媒体的工作原理

流媒体指的是媒体形式传送音频、视频和多媒体文件的网络流的方式。流媒体系统通常由玩家，服务器和编码器。其中，使用播放器播放流媒体软件，服务器是用来发送流媒体软件用户，和编码器用于原始音频和视频转换成流媒体格式。

这些组件通过特定的协议相互通信和交换文件数据在一个特定的格式。一些文件包含一个特定的编码器/解码器解码的数据文件压缩的数据量的一个特定的算法。现在主要使用流媒体协议RTSP、PNM、MMS。

RTSP（Real Time Streaming Protocol，实时流媒体协议），是由Real Networks

和Netscape提出的用于Real Networks的Real Media产品中。PNM（Progressive Networks Audio）也是Real专用的实时传输协议，通常使用UDP协议和端口7 070，但是当服务器在防火墙和7 070端口被阻塞，且用户服务器把Smart-ingNetwork设为"真"时，采用http协议，并占用默认的80端口；MMS（Microsoft Media Server protocol）是微软的流媒体服务器协议，MMS是连接Windows Media默认的方法对单播服务。

流媒体传输、音频、视频或动画和其他多媒体信息从流媒体服务器向用户计算机连续、实时传送。它首先创建一个缓冲区的计算机用户，和下载的数据作为一个缓冲区之前玩。用户不需要等到整个文件下载，而是只需要经过几秒钟或十秒的启动延迟去看。随着多媒体信息在客户端，其余的文件仍然是在后台从服务器下载。

如果网络连接速度小于所需的速度播放多媒体信息，播放节目将带先前建立小缓冲区中的数据，以避免中断，以便播放质量维护。除了发送文件，流媒体传输也可以收集现场声音/视频实时通过收集服务器，并把它发送到流媒体服务器，然后提供给用户实时的。

流媒体服务器的服务模式一般分为单播、多播和广播三种。单播是指建立一个单独的客户端和媒体服务器之间的数据通道。每个数据包从一个服务器只能被发送到一个客户端。多播是一个网络基于组播技术，它允许路由器包复制到多个渠道。广播是当用户被动地接收流，在数据包的副本发送给网络上的所有用户，和客户端收到流但不控制流。视频点播连接客户机和服务器之间的活动连接。在视频点播连接，用户通过选择内容项初始化客户端连接。用户可以启动、停止、备份、快进或暂停。

（二）流媒体服务器的配置

1. 流媒体服务器组件的下载

Windows Server 2008的目的是提高系统安全性和稳定性，所以只有安装所需的组件。流媒体服务器没有集成到Windows Server 2 008 R2，但作为一个单独的插件安装，管理员可以从微软的官方网站免费下载。安装插件之前你看到的流媒体服务选项的作用。

安装Microsoft Update Standalone Package（msu）的免费下载地址为：

http://www.microsoft.com/zh-cn/download/details，aspx？id=12 442

在这种情况下，6.0 X86版本下载并安装，和读者可以下载它视情况而定。

标准的文件格式支持的流媒体服务器.asf、.wma、.wmv，可以使用Windows Media编码器，扩大文件名称.wma、.wmv、.asf、.avi、.wav、.mpg、.mp3、.bmp和.jpg等的文件转换成为Windows Media服务使用的流文件。Windows Media编码器（Windows Media Encoder）这不是在集成Windows Server 2 008 R2中，用户从微软网站上下载并安装。除了使用Windows Media Encoder将视频编码成Windows标准视频音频格式，还可以使用 Microsoft Producer、Windows Movie Maker 等工具制作标准格式。

2．流媒体服务器的安装与配置

（1）下载完成之后，双击下载包进入的许可条款接口安装过程。单击"我接受"按钮。

（2）当插件安装，然后打开"服务器管理器"，内的管理工具，并选择添加的角色，这一次的角色添加流媒体服务。

（3）单击"下一步"按钮，然后选择"角色服务"并选择服务内容。

（4）单击"下一步"按钮，直到安装组件。从"开始"—"程序"—"管理工具"—"服务器管理器"中打开服务器管理器,然后右击"发布点",选择"添加发布点（向导）命令。

（5）弹出"添加发布点向导"的欢迎使用界面。

（6）单击"下一步"按钮，弹出一个对话框，添加一个发布点的名字。

（7）单击"下一步"按钮，弹出一个对话框。选择的内容类型。

（8）单击"下一步"按钮，弹出一个对话框，选择发布类型。

（9）单击"下一步"按钮，弹出一个对话框，选择"新建播放列表"

（10）单击"下一步"按钮，弹出一个对话框。选择"文件位置"，然后添加播放。

（11）单击"下一步"按钮，弹出一个对话框，设置播放模式。

（12）单击"下一步"按钮，弹出一个对话框。选择"是否要记录服务期，日志记录功能"。

（13）单击"下一步"按钮，弹出一个对话框，核查"发布点摘要"。

（14）单击"下一步"按钮，弹出一个对话框，完成"添加发布点向导"。

（15）单击"下一步"按钮，弹出一个对话框。编辑显示"元数据"

（16）单击"下一步"按钮，弹出一个对话框。选择"公告文件名称和位置

（17）单击"下一步"按钮，弹出一个对话框，"单播公告网页"的形成。

（18）单击"下一步"按钮。在这一点上，配置成功。正如您可以看到的，视频文件已经播放。

第三节　高校网络学习中心服务器集群与配置构建

一、提高服务器性能的常用技术

服务器，简单的提高单个处理器的操作能力和处理能力变得越来越困难，虽然很多厂家从材料、工艺和设计方面的不懈努力，在不久的将来CPU性能仍保持高速增长，但在高频和高功耗下电池容量和散热问题造成的负面影响，整个系统的负面影响产生了电磁兼容问题，进而提高了CPU计算能力的低下。然而，网络应用的发展，尤其是B/S模式应用程序的广泛使用，需要服务器端提供更多和更强大的计算能力，所以多CPU并行处理技术应运而生，它提供了一种新的方式来提高服务器的处理能力。

（一）SMP

SMP是指对称多处理器结构，这意味着多个CPU的服务器工作对称，没有主要或次要或依赖关系，和所有人分享资源，如巴士、内存和I/O系统，等等，只有一份操作系统或数据库管理。每个CPU共享相同的物理内存，每个CPU需要同时访问任何地址在内存中，所以SMP也被称为统一内存访问（Uniform Memory Access，UMA）。扩展SMP服务器包括增加内存的方法，使用更快的CPU，增加CPU，扩展I/O（槽口数与总线数）并添加更多的外部设备（通常是磁盘存储）。

操作系统管理队列，队列中的每个处理器处理流程。如果两个处理器同时请求访问资源（如相同的内存地址），硬件和软件锁定机制解决争论。

SMP服务器的主要特征是共享。正是由于这种特性导致SMP服务器的主要问

题，这是非常有限的可伸缩性。对于SMP服务器，每个共享链接在SMP服务器的扩张会导致瓶颈，大多数内存限制。因为每个CPU必须通过相同的内存总线访问相同的内存资源，随着CPU数量的增加，内存访问冲突迅速增加，导致浪费CPU资源，大大减少了CPU性能的有效性。

SMP代表如下所示：

（1）SGI POWER Challenge XL系列并行机（36个MIPS R1 000微处理器）

（2）COMPAQ Alpha Server 84005/440（12个Alpha 21 264个微处理器）

（3）HP9 000/T600（12个HP PA9 000微处理器）

（4）IBM RS6 000/R40（8个RS6 000微处理器）

（二）NUMA

NUMA是努力探索的结果扩大技术有效地构建大型系统由于SMP的扩展能力的局限性。使用NUMA，可以结合许多（甚至数百名）的CPU到一个服务器。

NUMA服务器的基本特征是，他们有多个CPU模块，每一个都包含多个CPU（如4个），与单独的本地内存、I/O插槽，等等。每个CPU访问整个系统的记忆（如称为Crossbar Switch）因为它的节点可以连接和相互影响相互关联的模块，如纵横开关。。

显然，访问本地内存访问远程内存要快得多（内存系统中其他节点上），这是非一致NUMA来自存储访问。因为这个特性，为了最大化系统性能，应用程序需要开发不同的CPU模块之间通过最少的信息交互。

NUMA技术可用于解决原始SMP系统扩张问题，在一个物理服务器支持数以百计的cpu。典型的NUMA服务器包括HP的Superdome、SUN15K和IBMp690。

NUMA技术也有一些缺点，因为访问远程内存的延迟远远大于本地内存。因此系统性能不能随着CPU数量的增加呈线性增加。如HP公司发布Superdome服务器时，曾公布了它与HP其他UNIX服务器的相对性能值，结果发现，64路CPU的Superdome（NUMA结构）的相对性能值是20，而8路N4 000（共享的SMP结构）的相对性能值是6.3。从这个可以看出结果，8倍CPU价值只有3倍的性能。

（三）MPP

不同于NUMA，MPP（大规模并行处理、大规模并行处理系统）提供了另一个系统的扩展，它由多个SMP服务器的某些节点互联网络连接，共同努力，完成相同的任务，从用户的角度来看是一个服务器系统。它的基本特征是多个SMP服务器（每个节点）通过互联网连接的节点，每个节点只能访问自己的本地资源（内存、存储等等），这是一个完全无共享（Share Nothing）结构。因此拥有最好的可伸缩性和理论上无限扩张。目前的技术可以将512个节点连接到成千上万的CPU。

目前还没有标准的节点网络行业，如NCR的Bynet，IBM的SPSwitch，采用不同的内部实现机制。然而，互联网节点仅供内部使用的MPP服务器和对用户来说是透明的。

在MPP系统中，每个SMP节点可以运行自己的操作系统，数据库等。然而，与NU-MA不同，它没有远程内存访问的问题。换句话说，CPU在每个节点不能访问其他节点的内存。节点之间的信息交互是通过互联网实现网络节点，这个过程通常被称为数据再分配（Data Redistribution）。

但MPP服务器需要一个复杂的机制安排，平衡每个节点的负载和并行处理。一些当前MPP技术的服务器这种复杂性与系统级软件（如数据库）。例如，NCR的Teradata一个关系数据库软件基于MPP技术。基于此数据库的开发应用程序时，无论有多少个节点组成的后端服务器，开发人员面临着同样的数据库系统没有考虑如何安排一些节点的负载。

由许多松散耦合的处理单元组成。请注意，这指的是处理单元，而不是处理器。CPU在每个细胞都有私人资源，比如公共汽车，内存，硬盘等等。在每个单元有操作系统和管理数据库的实例。这种结构的最大特点是，它不共享资源。大部分的排名前500位的系统属于这一类。

（四）Cluster

集群（Cluster，有的也称群集）是一组独立的计算机，使用高速通信网络，以形成一个计算机系统作为一个系统来管理。所有计算机集群中有一个共同的名字，和任何服务器集群系统可以使用所有的网络用户。起点是提供高可靠性、可伸缩性和灾难的阻力。

集群由多个服务器共享数据存储空间，通过内部网相互通信。当一个服务器失败时，它运行的应用程序会自动接管其他服务器。集群系统通常是用来提高系统的稳定和数据处理和网络中心的服务能力。

根据典型的集群架构，所涉及的关键技术集群属于以下四个级别：

（1）网络层：网络互连结构、通信协议、信号技术，等等。

（2）节点机及操作系统层：高性能客户机、分层或基于微内核的操作系统等。

（3）集群系统管理层：资源管理、资源调度、负载平衡、并行IPO、安全等。

（4）应用层：并行程序开发环境、串行应用、并行应用程序等。

集群技术是上述四个层次的有机结合。尽管所有相关技术解决不同的问题，他们都有不可或缺的重要性。

集群系统的管理集群系统的特殊功能和技术的体现。在未来按需计算的时代，每个集群应该成为商业网格中的一个节点，所以自治（自我保护、自我配置、自我优化、自我）也将成为集群的一个重要特征。实现自治，各种应用程序的开发和运营，其中大部分是直接依赖于集群的系统管理。此外，系统管理的完善程度决定了集群系统的可用性、稳定性、可伸缩性和其他关键参数。集群管理系统，组织多台机器上，这样他们就可以被称为"集群"。

Cluster系统通常具有以下特征：

（1）系统由许多独立的服务器连接到开关。每个节点有其自己的内存和CPU的一个节点不能直接访问内存的其他节点。

（2）每个节点有一个单独的操作系统。

（3）一系列的集群软件需要完成整个系统的管理和操作，包括Cluster系统管理软件，如IBM的CSM、xCat等；如MPI、PVM消息传递库等；作业管理与调度系统，如LSF、PBS，Load Leveler等；并行文件系统，如PVFS、GPFS等。

（4）只有在单个节点的内部支持共享内存模式并行模式，如OpenMP、pthreads等。

二、Windows 集群

（一）服务器集群

科学计算、数据中心等领域一直是高端RISC的域服务器，不仅昂贵，而且昂贵的运行和维护。随着网络应用的发展，服务器的要求越来越高，和集群技术的出现提供了一个有限保证，以满足这一需求。便宜，易于维护和使用，并利用集群技术构建了一台超级计算机，其超强的处理能力取代了昂贵的大中型计算机，在用户成本较低的情况下获得了性能、可靠性、灵活性较高的优点，是一种很好的技术选择。

集群是一组独立的计算机连接的高速网络作为一个整体，作为一个单一的系统管理。当客户机与一个集群，集群就像一个单独的服务器。

从应用程序的角度来看，集群可以分为三种类型：高性能科学计算集群、负载均衡集群和高可用性集群。科学计算集群运行并行编程开发的应用程序用于集群和解决复杂的科学问题。这是并行计算的基础，尽管它不使用一个专用的并行超级计算机，包括十到上万个独立的处理器内。

虽然它使用通用的商业系统，比如一组相关的单处理器或双处理器的个人电脑通过高速连接，和沟通在一个共同的消息传递层运行并行应用程序可以执行复杂的计算任务。因此，人们常说，另一个廉价超级计算机出来。但实际上它是一群电脑与一个真正的超级计算机的处理能力。

负载均衡集群为企业需求提供了一个更实用的系统。负载均衡集群允许将负载尽可能均匀地分在计算机集群。通常包括应用程序处理负载和网络流量负载。这样的系统非常适合服务最多的用户使用相同的应用程序。每个节点可以承担一定的处理负载，可以处理节点之间的负载的动态分布，实现负载平衡。至于网络流量负载，当网络服务程序接收到高网络流量不能迅速处理，网络流量发送到网络其他节点上运行的服务程序。

与此同时，它可以根据不同的可用资源优化每个节点或网络的特殊环境。像科学计算集群、负载均衡集群分布计算跨多个节点处理负载。它们之间最大的区别是缺乏单一运行跨节点的并行程序。在大多数情况下，负载均衡集群中的每个节点都是一个独立的系统独立运行的软件。然而，有一个公共的节点之间的关系，是否直接通信节点之间或通过一个中央控制每个节点的负载平衡服务器。通常情况下，特定的算法用于分配负载。

高可用性集群通常在这种情况下使用。当集群中的一个系统失败时，集群软件快速反应，将系统的任务分配给集群中的其他工作系统来执行。考虑到计算机硬件和软件的易错性，高可用性集群的主要目的是使集群的整体服务尽可能可用。如果高可用性集群中的主节点失败，二级节点将取代它。

次节点通常是主节点的镜像。当它取代主节点时，它可以完全接管其身份，从而使系统环境与用户保持一致。高可用性集群服务器系统尽可能快速响应他们经常跟踪互相冗余节点和服务运行在多台机器上。如果一个节点出现故障，更换接管其责任秒或更少。因此，对于用户来说，集群是永远不会下降。

在实践中，这三种类型的集群融合在一起，高可用性集群等也可以平衡用户负载之间的节点。可以找到类似的，并行集群的集群来编写应用程序执行节点之间的负载均衡。从这个意义上讲，集群的分类是一个相对的概念，而不是绝对的。

（二）Windows故障转移集群

Windows Server 2008提供了两种集群技术：故障转移集群和网络负载平衡（活检）。故障转移集群主要是用于构建高可用性架构。尽管Windows Server 2003也有集群技术，故障转移集群的更改Windows Server 2008的目的是简化集群设置和管理，使集群更加安全、稳定，提高集群的网络连接和故障转移集群与存储。

如果集群中的一个节点由于故障或维护变得不可用，另一个节点立即开始提供服务（这一过程称为故障转移）。与网络负载平衡，只有一个集群中的服务器响应客户的要求，只有当服务器发生故障将其他服务器接管和响应客户的请求。服务器集群的主要目的是实现服务器故障的冗余，确保关键业务不中断。

一个服务器集群可以结合8节点。服务器集群服务是基于一个非共享的集群模型。尽管集群中的多个节点可以访问设备或资源，资源只能由一个系统拥有和管理。

1. 集群的体系结构

服务器集群服务包含三个主要组件：群集服务，资源监视器和资源DLL。此外，群集管理器允许生成扩展DLL提供管理功能。

群集服务是核心组件和作为高优先级系统服务运行。群集服务控制集群活动并执行以下任务：协调事件通知，促进群集组件间的通信，处理故障转移操作和管理配置。每个集群节点上运行自己的集群服务。

资源监视器是集群服务之间的接口和集群资源，作为单独的进程运行。集群服务使用资源监测与资源DLL。DLL处理所有通信与资源、资源监控、主机DLL可以防止集群服务资源的影响，运行不正确或停止工作。资源监控器的多个副本可以在单个节点上运行，将不可预测的资源与其他资源。

当集群服务需要一个资源上执行一个操作，它发送一个请求到资源分配给资源监控。如果没有资源监控器DLL的过程可以处理该资源类型，使用注册信息加载DLL与该资源类型相关联。集群服务的请求被传递给一个DLL入口点的功能。资源DLL处理操作的细节匹配资源的特定需求。

第三大Microsoft群集服务组件资源DLL。资源监视器和资源DLL使用资源API。资源API是一个入口点的集合，回调函数和相关结构和DLL管理资源。

对于集群服务，资源是任何可控的物理或逻辑组件，如磁盘、网络名称、IP地址、数据库、网站、应用程序和其他实体，可以在线和离线。可以组织的资源类型。资源类型包括物理硬件（如磁盘驱动器）和逻辑物品（如IP地址、文件共享和通用应用程序）。

每个资源使用资源DLL，它主要是一个被动的资源监控和资源之间的过渡层。资源监控调用资源DLL入口点函数的国家资源，在线和离线。资源DLL负责沟通与他们的资源通过方便的IPC机制来实现这些方法。

应用程序实现他们自己的资源DLL与集群通信服务，以及应用程序请求并更新集群信息使用集群API，被定义为集群相关的应用程序。应用程序和服务，不使用集群或资源API，或者集群控制代码功能，不承认集群或集群服务是否正在运行。这些集群不相关的应用程序通常作为通用应用程序或服务进行管理。

群集相关和群集无关应用程序可以运行在集群节点，可以作为集群资源管理。然而，只有相关的应用程序可以利用功能集群服务提供通过集群API。开发相关的应用程序需要建立定制的资源类型。通过定制资源类型，开发人员可以使应用程序响应并采取行动当集群中的各种事件发生时，例如当节点即将下线，关闭数据库连接。对于大多数应用程序需要运行在一个集群中，最好花点时间和资源开发定制的资源类型。在集群环境中您可以测试您的应用程序无需修改应用程序代码或创建一个新资源类型。

群集管理器扩展DLL提供特定于应用程序的集群管理员管理功能，允许用户以同样的方式管理他们的应用程序，他们是否正在运行集群内部或外部。开发人员可以提供应用程序管理功能集群管理员框架内或只是链接到现有的管理工具。

开发人员可以扩展集群管理员的功能通过编写扩展DLL。群集管理器应用程序与扩展DLL通信通过一组定义COM接口。扩展DLL必须实现一组特定的接口和注册集群中的每个节点。

2.故障转移群集工作机制

（1）检测故障。故障转移集群检测集群通过心跳和群体磁盘失败。系统使用一种正常的心跳监测机制两个服务器之间的通信，和指定的活动服务器发送信号到相应的备用服务器在一个固定的时间间隔。如果备用服务器不接收信号在一定的区间内，默认活动服务器失败和积极的作用。备用服务器发送一个请求到活跃的服务器。如果没有收到响应活动服务器的备用服务器将继续发送请求的活动服务器指定的次数。指定次数后，备用服务器没有收到来自活动服务器的响应，所以默认活动服务器发生故障，备用服务器确定积极的作用。

群体拥有集群的配置数据库，如成员服务器的集群，集群中安装哪些资源，这些资源的状态。它有两个功能：第一，检查集群中的每个节点的集群配置是否一致，如果不一致，集群不会开始；其次，如果集群中每个节点的网络出现故障，并且每个节点无法与其他节点进行通信，那么每个节点都认为其他节点已经发生故障，应该提供服务，以便尝试获得集群资源（集群IP、共享存储、应用服务等）的所有权。使用法定人数，可以保证任何集群资源只会在线上的一个节点。

Windows 2008的仲裁模式描述如下：

①节点多数仲裁配置。集群中的多个节点运行，集群运行；否则，集群停止。允许失败节点的数目是n/2~1，这是通常用于奇数节点。

②节点的磁盘大多数群体配置。当证人磁盘可用，允许失败节点的数目是n/2；当证人磁盘不可用时，允许失败节点的数目是n/2~1。否则，集群停止。

③大多数仲裁配置节点和文件共享。当文件共享，允许失败节点的数目是n/2；当文件共享不可用，允许失败节点的数目是n/2~1。否则，集群停止。

④没有多数（磁盘）法定人数配置。磁盘可用作见证，至少一个节点的见证磁盘通信、集群操作；如果证人磁盘失败，集群停止。

（2）同步状态。当备用服务器确认活动服务器失败，故障转移的程序开始，准备接管活动服务器。备用服务器必须首先使其状态与活动服务器失败之前就可以开始处理事务。有三种不同的同步方法：事务日志，热备份和共享存储。

事务日志的方法基本上要求活动服务器日志更新自己的状态，定期启动一个同步工具来处理这些日志，然后更新备用服务器的状态达到一致性。在发生故障时，备用服务器只需使用更新同步工具将上次日志处理后的新内容添加到活动服务器，这将缩短备用服务器激活到活动服务器的准备时间，并使故障转移更加顺利。

热备份的方法主要是实时监控活动服务器。每当任何更新发生在活动服务器的状态，其更新内容立即复制到备用服务器。通过这种方式，备用服务器作为活动服务器的"克隆"。在发生故障时，备用服务器跳过同步状态，立即成为活动服务器，节省大量的准备时间。

对于常见的存储方法，两个服务器可以记录他们的国家在一个共享的存储设备（如存储区域网络或双主机磁盘阵列），也就是说，两个服务器的状态是共享的。因此，这种方法不需要立即同步状态和故障转移可能发生。

（3）确定活动服务器。只有一个活动服务器可以存在一组指定的应用程序。为了避免数据损坏或死锁由于多个服务器思想活跃、系统使用的一种变体"活动令牌概念"。如果只有一个服务器的对应于一个给定的应用程序包含一个"活动令牌"，服务器是活动和其他服务器备用。所以当服务器从待机状态变为活动状态，故障转移计划将"活动令牌"传递到备用服务器激活其活动状态。

第一台服务器（Database O1）的活动服务器处理所有事务。只有当Database O1失败第二服务器待机状态（Databa Se02）从待机状态到活动状态，并开始处理事务。集群公开了一个虚拟IP地址和主机名（DatabaseIO）客户使用的网络和应用程序。

（三）Windows网络负载平衡集群

1. 体系结构

网络负载平衡（Network Load Balancing，NLB）的硬件架构是一个多服务器网络体系结构。多个服务器（最多32台）在同一子网的网络组成一个集群，就像一个真正的服务器给客户端。集群有自己的IP地址，访问的客户端。NLB的NLB软件控制服务器响应客户机的请求。NLB回应同样的不同服务器（当然，管理员可以控制的区别），分享客户的请求和平衡负载。

NLB的核心是一个wlbs.sys的驱动程序，系统工作在TCP/IP协议和网卡驱动程序。司机活检中的所有服务器上运行，技术通常用于Web服务、流媒体服务、终端服务，和VPN服务。

2. 工作原理

工作方式如下：当客户端向NLB集群（NLB的虚拟IP地址）发出请求时，客户端的请求包被发送到所有NLB节点，然后NLB服务在NLB节点上运行，以基于相同的NLB算法来确定是否应该由其自身处理。如果不是，丢弃客户的请求包；如果是这样，做点什么。有两种方法来发送一个请求数据包NLB节点：单播和多播。

单播意味着NLB覆盖马生产厂家提供的地址在网络上的每个集群成员适配器。NLB使用相同的单播MAC地址的所有成员。这种模型的优点是它能够无缝地使用大多数路由器和交换机；缺点是交通到达集群扩展到所有端口在交换机的虚拟LAN（VLAN）和主机之间的通信不能绑定到适配器通过活检，这意味着物理主机不能相互通信。如果单播模式被选中当活检是创建时"群集IP配置"中的"网络地址"始于"02-BF"，紧随其后的是十六进制值的IP地址，和随后的主机将修改这个MAC地址。

多播方式离开原来的MAC地址不变，但第二层组播MAC地址添加到网络适配器。每个人的流量将达到这个多播MAC地址。这种方法的优点是，入站流量只有达到主机集群中通过创建静态条目的内容可寻址内存（CAM）表开关。缺点是凸轮项目必须与一组相关静态开关端口。没有这些凸轮项目，入站流量仍将蔓延到所有端口在交换机的VLAN。另一个缺点是，许多路由器不自动关联单播的IP地址（集群）的虚拟IP地址与多播MAC地址。如果静态配置一些路由器可以有这个协会。

如果多播模式被选中当活检是创建时，在"群集IP配置"中的"网络地址"始于"03-BF"开头，紧随其后的十六进制表示IP地址。还有一个检查"IGMP Multicast（IGMP多播）"。在选择多播模式。如果勾选此项，在多播模式，NLB离开原来的MAC地址不变，但将一个IGMP多播地址添加到网络适配器。

此外，NLB主机发送一个IGMP加入这个组的消息。如果开关检测到这些消息并填充其凸轮表所需的多播地址，入站流量不扩散到所有端口的VLAN。这是这个聚类模型的主要优势。缺点是一些交换机不支持IGMP探测。此外，路由器还支持单播组播MAC地址的IP地址。在IGMP多播模式中，MAC地址将使用"01~00-5E"开始。在多播模式，物理主机可以相互通信。

总结上面的NLB模式，单播单网卡，有多个网卡单播，组播单网卡和多播多个网卡。

（1）单播单网卡。这种模式只需要1网卡配置很简单，所有的路由器都支持这种模式。因为网卡地址改为相同的MAC，NLB服务器之间的通信和正常无法意识到其他主机之间的通信。使用单网卡作为集群不仅检测信号（心跳信号）也作为一个客户端之间的通信和集群（使用公共IP）和客户端和集群（使用公用IP），所以性能较差。

（2）单播多网卡。每个NLB服务器添加一个网卡。这个网卡是一种特殊的网卡，用于进行内部集群检测信号和NLB服务器之间的通信，具有良好的性能，所有的路由器都支持这种模式。缺点是需要增加额外的网卡。

（3）多播单网卡。这种模式只需要一个网卡，NLB服务器可以相互通信（使用私有IP地址），虽然有些路由器不支持多播；同样，一个网卡携带所有交通，表现不佳。

（4）多播多网卡。专用网卡集群信号检测和NLB服务器之间的通信；同样，一些路由器可能不支持多播模式。

第五章

互联网背景下高校网络学习中心综合布线系统设计与实施

第一节　常用传输介质

物理介质连接到网络中的每个通信处理设备称为传输介质。其性能特征产生重大影响传输速度，成本，抗干扰能力，通信距离，接入网络节点的数量和数据传输的可靠性。传输介质必须选择合理的根据不同的通信需求。

传播媒体分为有线媒体和无线媒体。有线电视媒体包括同轴电缆、双绞线和光纤，无线媒体包括无线短波，地面微波、卫星、红外等。下面介绍几个常用的传输媒体。

一、双绞线

双绞线连接两个相互绝缘的金属线扭在一起抵制一些电磁干扰与外界的联系。将两个绝缘铜导线串在一起在一定的密度，可以减少信号干扰的程度，每线发出的无线电波在运输途中将抵消其他电线发出的。因此得名双绞线。双绞线连接通常由两个绝缘铜导线，不22~26号互相缠绕。在实践中，许多对扭曲的电线被包装在一个绝缘电缆套管。

一个典型的双绞线有四双，可以放置在一个或多个双电缆套管，称为双绞线（也称双扭线电缆）。在双绞线，不同的线有不同的扭曲的长度。一般来说，扭曲的长度是38.1~14厘米，按逆时针方向扭动。邻线对的扭曲的长度是12.7厘米以上。一般来说，密集的转折，其抗干扰能力越强。与其他传播媒体相比，双绞线传输距离有限，信道宽度和数据传输速度。

（一）UTP和STP

斯特德对分为屏蔽双绞线（STP）和非屏蔽双绞线（UTP）。屏蔽双绞线。电缆的外层铝箔袋的选择，为了减少辐射，但不能完全消除辐射。屏蔽双绞线是相对昂贵，比非屏蔽双绞线难以安装。

非屏蔽双绞线屏蔽套，直径小，节省空间，重与轻，灵活，易于安装，可以减少串扰或消除，阻燃性、独立性和灵活性，适合结构综合布线系统。

（二）双绞线的制作标准

双绞线网络电缆生产方法很简单，就是4~8核心的双绞线线根据一定规则插入到水晶头。在布线系统中，规则插入EIA / TIA568，一端连接8电线电缆的注册插孔-45水晶头排队秩序。电缆的连接顺序安排水晶头。EIA/TIA568标准提供了两个订单：568A和568B。UTP电缆通过以太网可分为直接使用UTP和交叉UTP根据不同序列两端的过程中网络电缆。

直接通过UTP电缆两端的序列标准是相同的，都是T568B标准或T568A标准。交叉UTP线序列的两端的标准是不同的，一端是T568A标准，另一端是T568B标准。

（三）MDI接口与MDI-X接口

媒体相关接口（Medium Dependent Interface，MDI），也被称为一个上行接口，一个接口用于集线器或交换机连接到其他网络设备不需要交错。MDI接口不交叉发射和接受行，穿越是由传统的接口（MDI-X接口）连接到终端工作站。MDI接口连接到MDI-X接口在其他设备上。

交叉媒体相关接口（Medium Dependent Interface Crossed，MDI-X）是一种接口传入的输电线路和传出的接收行网络集线器或交换机。这是一个MDI端口实现内部交叉功能在网络设备或接口适配器。这意味着直接电缆可以使用网站的MDI接口和端口之间由于交叉内的信号端口。

从上面的分析可以看出，当MDI与MDI互联接口或MD1-X与MDI-X接口相互连接，必须使用交叉电缆使销与销发送收到的另一端；当MDI与MDI-X相连，通过电缆必须被用来制造发送销对应接收销在另一端。

一般来说，常见的枢纽港和开关MDI接口。集线器和交换机的级联端口，路由器的以太网端口和网卡的RH5接口都是MDI-X接口。

以下是建议基于标准条件，如自适应开关的使用，不考虑双绞线的应用局限性。

（四）双绞线的适用场合

在实际网络环境中，当双绞线的两端分别连接不同的设备，线的两端序列必须确定根据标准，否则它将不会连接。一般来说，双绞线的两个末端序列必须是相同的在以下条件下连接。

（1）主机和开关常见端口连接。

（2）开关连接到路由器的以太网端口。

（3）集线器的uplink口和开关常见端口连接。

在下列情况下，双绞线的两个末端序列必须交换1和3和2和6一端连接。

（1）主机和主机网卡端口连接。

（2）零开关和开关连接到非uplink端口。

（3）路由器的以太网端口是相互关联的

（4）主机和路由器以太网端口连接。

（五）双绞线的优缺点

使用双绞线作为传输介质的优势在于其成熟的技术和标准，低成本和相对简单的安装。缺点是双绞线对电磁干扰更敏感和容易被窃听。双绞线线主要用于室内环境。

二、光纤

（一）光缆的组成

光纤是光纤光缆的核心，由纤芯、包层和涂覆层。纤维的纤维芯是最里面的部分；光纤的包层包含核心从外部世界隔离和防止干扰其他相邻纤维。外面是一层很薄的涂层的涂层材料是硅树脂或聚氨酯。覆盖层的外面的塑料（或称为二次涂层），材料通常是尼龙，聚乙烯或聚丙烯塑料。

1. 光纤芯

纤维的核心是进行光的一部分，和包层用于密封在纤维芯光。组件玻璃纤维芯和包层都是。纤维芯的折射率高，而包层的折射率较低。这样，光线不断反映和传播在封闭的纤维。

2. 涂覆层

光纤涂料层是第一层的保护，其目的是保护光纤的机械强度，是第一层的缓冲区（Primary Buffer）。它由一个池或聚合物层，厚约250点，覆盖在纤维制造过程中。光纤涂料层保护光纤的光学和物理特性在光纤受到外部振动。

3．缓冲保护层

外还有一层缓冲保护涂料层光纤提供额外的保护。在电缆，这一层的保护分为两种类型：紧套管缓冲区和松套管缓冲区。紧的袖子是一层塑料缓冲材料直接添加到涂料层，约650毫米，结合涂料层形成一层900毫米的缓冲保护。多次电缆使用塑料套管的直径纤维作为防护缓冲。大塑料盒内的一个或多个纤维涂层的保护。

纤维套管可以自由移动，分开其余的电缆套管。这种结构可防止压力损失由于收缩或扩张的缓冲层，作为承载元素电缆。

4．光缆加强元件

光纤电缆通常有一个或多个加固元素保护其机械强度和刚度。当光纤电缆拖，加强元素使光缆有一定的抗拉强度，同时，它有一定的保护作用。光缆增强件有阿吉纶纱、钢丝和玻璃纤维三种。

5．光缆护套

光缆护套是光缆的外围组件，它是一种非金属组件，作用是巩固其他光缆组件在一起，保护光纤和其他光缆组件免受破坏。

光纤不受电磁干扰和无线电干扰。因为它可以防止内部和外部噪声，信号在光纤可以旅行远比其他有线传输媒体。由于光纤本身只能传输光信号，为了使光纤传输电信号，光学发射器和光学接收器必须具备光纤的两端。光发送机完成光信号转换的电信号，与光接收机完成从光信号到电信号的转换。光电转换通常采用载波调制，传输光纤的调制光信号。

（二）光纤的分类

光纤可分为根据材料构成光纤，光纤的制造方法，总传输光纤模量、横截面折射率分布的光纤和工作波长。

1．按照折射率分布不同分类

两种均匀光纤（阶跃型光纤）和非均匀光纤（渐变型光纤）是常用的。

（1）均匀光纤：光纤纤芯的折射率 n_1 和包层的折射率 n_2 是常数，且 $n_1 > n_2$，在核心和包层折射率之间的界面是一个梯形的改变，这种纤维被称为均匀的纤维，也称为多芯。

（2）非均匀光纤：光纤纤芯的折射率n_1随半径的增加而减小根据一定的规则，和纤维之间的连接和包层是包层折射率，折射率n_2的变化在纤维芯大约是抛物线。这种纤维被称为非均匀纤维，也称为梯度纤维。

2．传输的总模数分类

光纤的模式是光波的分布。如果入射光的出现是一个圆形，圆形点仍然可以观察到弹射，单模传输。如果弹出许多小点，它会出现很多流浪高阶模式，形成多模传输，这种光纤称为多模光纤。

单模光纤和多模光纤也可以简单地从纤维芯的大小来评判。

（1）模光纤SMF（Single Mode Fiber）：纤维芯单模光纤的直径很小，4~10毫米不等。从理论上讲，只有一个模式可以传播。只因为单模光纤传输的主要模式，避免模态色散，光纤的传输频带很宽，传输容量大，适合大容量、长距离光纤通信。单模光纤通常是与工作波长的激光发射器使用1 310 mn或1 550海里。单模光纤是目前研究和应用的重点。这也是不可避免的光纤通信和光学波技术的趋势。在综合布线系统中，8.3/125μm突变单模光纤通常用于建筑物之间的电缆。

（2）模光纤MMF（Multi Mode Fiber）：在一个特定的工作波长，当有多个传播方式的纤维，这种纤维被称为多模光纤。多模光纤可以分为均匀的纤维和非均匀光纤折射率分布。前者称为多模光纤，后者称为多模光纤不均匀。由于多模光纤的芯径和数值孔径大于单模光纤的芯径和数值孔径，具有较强的集光能力和抗弯能力，特别适用于多模光纤的短距离应用，多模光纤的系统成本仅为单模光纤的1/4。

多模光纤的核心直径通常是50~75μm，包层直径为100~200μm。多模光纤的光源一般采用LED（发光二极管），和工作波长是850 mn或1 300海里。这种光纤传输性能差，狭窄的带宽和传输容量小。综合布线系统，核心直径50μm、62.5μm，包层均为125μm用于线路干线子系统、水平子系统、或建筑物群际。

3．按波长分类

使用的光纤综合布线有三个波长区域，即850nm波长区、1 310mn波长区和1 550nm波长区。

4．按纤芯直径分类

有三种类型的纤维芯直径，光纤的包层直径是125Mm。然而，纤维可分为62.5μm增强的多模光纤、50μm渐变增强型多模光纤和8.3μm突变型单模光纤。

（三）光纤通信系统

光纤通信在局域网是一种光电混合通信结构。通信终端和电信号之间的光缆传输的光信号，通过光电转换器进行光电转换。

在发送端，电信号转换成光脉冲通过发射机和光缆的传输。在接收端，接收机将光脉冲转换成一个电信号并将其发送给通信终端。因为光信号目前只能在一个方向上传播，目前光纤通信系统通常采用两个核心，一个核心发送信号和接收信号的其他核心。

（四）光纤连接器

光纤连接组件主要包括（配线架、终端，接线盒，光缆信息插座、各种连接器圣、SC、FC等）和设备用于光缆和电缆转换。它们的功能是实现光缆线路，连接，交叉和光缆传输系统管理、光缆传输系统通道的形成。常用的光纤适配器，常用的光纤连接器。

（五）与光纤连接的设备

设备与光纤主要包括光纤收发器、网卡和光纤模块开关。

1．光纤收发器

光纤收发器是一种光电转换装置，主要用于终端设备本身的情况没有光纤收发器，如常见的开关和网卡。

2．光接口网卡

一些服务器需要高速光纤连接到开关，和服务器的网卡应该有一个光纤接口，主要来自Intel、IBM、3COM和D-Link其他大型公司。

3．带光纤接口的交换机

许多高端交换机光纤端口中期满足连接速度和距离的要求。为了适应单模光纤和多模光纤的连接，还有些开关设计光纤作为光纤模块接口和收发器的通用接口，并将这些纤维模块插入到开关根据不同需求的扩展槽。

（六）光纤通信的特点

（1）沟通能力大，传输距离长。

（2）信号串扰小，安全性能好。

（3）抗电磁干扰，传输质量好。

（4）纤维尺寸小，重量轻，容易和运输。

（5）材料来源丰富，环境保护好。

（6）没有辐射，难以窃听。

（7）光缆适应强，寿命长。

三、无线传输介质

无线传输媒体使用大气电磁波穿过太空传输信号。由于无线信号不需要物理介质，他们可以克服电缆约束造成的不便和解决一些地区网络布线问题困难。无线传输媒介不是地理条件的限制，网络速度快，等等。目前，计算机无线通信中使用的手段主要包括无线电短波、超短波、微波、红外、激光和卫星通信。

电磁波是一种振荡波发射天线产生的感应电流。这些电波穿过空气，最终被一个感应天线。电磁波在真空中，以同样的速度旅行，独立的频率，大约$3\times108m/s$。一种电磁波可以携带的信息量取决于其带宽。无线电波、微波、红外线和可见光都可以传输信息通过调整振幅，频率或相位。紫外线、X射线和射线也可以用来传输信息，并能得到更好的效果，但他们很难产生和调制，通过建筑的特性不好，和有害生物。

四、无线局域网传输波段

在这个"网络就是计算机"的时代，与有线网络的广泛应用，无线网络技术，它的特点是快速、高效、灵活的网络，发展迅速。无网局域网是计算机网络和无线通信技术的结合体。从专业的角度来看，无线局域网利用了无线多址信道的一种有效方法来支持计算机之间的通信，并提供移动的可能性，个性化和多媒体通信的应用程序。IEEE 802.11于1997年批准的局域网和电脑专家。它提供了无线局域网在2.4GHz波段操作，这是由全球广播监管机构作为扩频频段。

（一）IEEE 802.11

1990年，IEEE 802标准化委员会建立了IEEE 802.11无线局域网标准工作组。IEEE 802.11（别名Wi-Fi（Wireless Fidelity），无线保真）是一个标准，定义了物理层和媒体访问控制（MAC）规范，通过大量的局域网和电脑专家在1997年6月。物理层定义了数据传输的信号特征和调制，并定义两个射频传输方法和一个红外透射法。射频跳频扩频传输标准和直接序列扩频，在2.400 0~2.483 5GHZ频段。

（二）IEEE 802.11a

1999年，IEEE 802.11a标准的发展。标准规定WLAN操作频带是5.15~8.825 GHz，数据传输速率达到54Mbps/72Mbps（Turbo），传输距离控制在10~100m。这个标准还补充了IEEE 802.11，扩展的物理层标准。采用正交频分复用（OFDM）独特的扩频技术，以及QFSK调制模式，可以提供25Mbps无线ATM接口和10Mbps以太网无线框架结构界面，支持各种服务，如语音、数据和图像；一个部门可以访问多个用户，每个用户可以多个用户终端。

（三）IEEE 802.11b

IEEE 802. 11b在1999年9月被正式批准。标准规定，WLAN操作频带是2.4~2.483 5 GHz，数据传输速度达到11Mbps，传输距离控制在50~150英尺。该标准是对IEEE802.11的补充，标准是一个补充。采用补偿键控调制模式、点对点模式和基本模式。的数据传输速率，它可以自动切换11Mbps、5.5Mbps、2Mbps和1Mbps的利率根据实际情况。它改变了WLAN和扩大WLAN的应用设计。

（四）IEEE 802.11g

目前，IEEE介绍了IEEE 802.llg的最新版本。本标准提出，IEEE 802.11a的传输速度，和安全比IEEE 802.11b好，采用2种调制方式，包括OFDM应用于802.11a和CCK应用于IEEE 802.11b，并兼容802.11a和802.11b。

第二节　高校网络学习中心综合布线系统的设计

一、综合布线系统的设计原则

综合布线系统的设计应该遵循智能建筑工程的设计原则，即开放结构，标准化传输介质和标准化的连接接口。在此基础上，综合布线系统本身的一些特点，应该考虑和综合布线系统的设计原则和基本步骤本身应遵循。综合布线系统的设计不仅要充分考虑的因素可以预测计算机技术的迅速发展，通信技术和控制技术，但也考虑政府宏观政策的指导和实施原则，法规，标准和规范。

通过合理的建筑结构优化、系统、服务和管理，整个设计成为一个实用的综合布线系统有明确的功能，合理的投资，有效的应用程序，方便扩展。具体来说，我们应该遵循的原则兼容性、开放性、灵活性、可靠性、先进性和客户第一。

（一）兼容性原则

综合布线系统是一个网络传输系统可以集成各种数据和信息的传播。在工程设计中，这是必要的，以确保兼容性。兼容性意味着它是完全独立的应用系统，可以适用于多种应用系统。综合布线系统集成语音、数据、图像和监控设备，并将各种终端设备连接到标准的rj-45信息插座。兼容语音、数据和图像从不同的制造商和使用相同的电缆和设备分布框架，以及相同的插头和杰克模块。

过去，当线路语音或数据线路在建筑或建筑复杂，常常使用电缆，插座和连接器从不同的制造商。例如，一个用户开关通常使用双绞线，计算机网络系统采用厚或薄同轴电缆。不同设备使用不同的连接材料，插头，插座和端子板连接这些不同的布线是不相容的。新的电缆、插座和连接器将需要改变终端或电话的位置。

通过统一的规划设计，综合布线系统集成不同的声音信号，数据和视频设备到一个标准的系统通过使用相同的传输介质、信息插座、互联设备、适配器等。这表明，这种布线比较传统的独家线路大大简化，商品和材料，可以节省大量的时间和空间。在使用中，用户无需定义一个工作区域的实际应用的信息套接字，只需将某种终端设备（如个人电脑、电话、视频设备等）转换成信息套接字，然后将设施和设备转换成相应的传输设备来完成终端的操作，终端设备即可接入其系统。

（二）开放性原则

传统的独家线路，只要用户选择某一设备，也选择了合适的连接和传输介质。如果另一种类型的设备更换，原有的布线系统应该完全取代。完成建设，这种改变是非常困难的，需要大量的投资。

由于其开放式体系结构，符合多种国际标准，布线系统是开放的几乎所有主要制造商，如计算机设备、开关设备、等，并支持所有通信协议，如ISO / iec 1 801~2002，ANSI / TIA / EIA 568等。

综合布线工程设计中，采用模块化设计，便于以后的升级和扩张。布线系统中所有的连接器，除了电缆固定在建筑，是模块化的标准组件，便于扩展和重新配置。这种方法的优点是，整个布线系统将不受影响，如果用户更改线路连接由于发展需要。与此同时，信息的集成和共享各部门参与的建设充分考虑，这保证了整个系统的先进性和合理性。总体结构的可扩展性和兼容性，可以集成不同的制造商，不同类型的先进的产品，所以整个系统随着技术的进步和发展，不断改善和提高。

（三）灵活性原则

传统专有连接关闭时，体系结构是相对固定的，和移动或添加设备是困难的，繁琐的，甚至是不可能的。

任何信息在一个综合布线系统可以很容易地连接到各种类型的设备（如电话、计算机、检测设备、传真机等）。使用标准的综合布线系统传输电缆和相关链接硬件及模块化设计。因此，所有通道都是普遍存在的。每个通道支持终端，以太网工作站和令牌环工作站。所有设备开启和改变不需要改变线路，只需要添加或减去相应的应用设备和必要的跳线管理配线架。此外，网络是灵活多样的，甚至是多个用户终端，以太网工作站和令牌环网络工作站可以共处在同一个房间，这为用户管理数据流提供了必要条件。

（四）可靠性原则

由于每个应用程序不兼容的系统，传统的独家布线方法通常有几个建筑布线方案。因此，建筑系统的可靠性应该被选中的布线的可靠性保证。当应用程序系统布线是不合适的，会导致交叉干扰。

综合布线系统采用高质量的传输媒介和组合压缩形成一套标准化的数据传输通道。所有渠道和相关链接ISO认证，每个通道使用特殊仪器来测试链接阻抗和衰减，以确保其电气性能。应用系统都采用点对点的线路连接，和任何链接的失败不会影响其他的操作链接，它提供了方便的操作和维护的链接，也保证了应用系统的可靠运行。每个应用系统通常使用相同的传输媒介，它可以作为备份，提高了冗余。

（五）先进性原则

先进的原则是指在满足用户需求的前提下，考虑这一趋势充分迅猛发展的信息社会，推进适度技术，使设计方案满足先进的要求，现代智能建筑。综合布线系统工程应该能够满足企业发展的需要的现在和未来，和功能的数据、语音和图像通信。所有布线采用最新的通信标准，布线子系统配置根据8核双绞线的链接。为特殊用户的需求，光纤到桌子上。铜电缆用于语音树干和光缆用于提供足够的带宽容量的数据部分的多通道同时传输实时多媒体信息。

目前，大多数智能建筑采用5类双绞线及以上综合布线系统，它适用于100 mbps以太网和155 mbps ATM网络。超类5和6类双绞线电缆适用于1 000 mbps以太网和完全满足传输带宽要求的声音，数据，图像和多媒体。在垂直主干布线，尽量使用超过5类双绞线或光纤和其他适当的先进连接技术。这样，当需要其他服务在未来，只有在工作区中相关设备可以被改变，或者只有管理、跳投等容易更新的那部分可以改变。

（六）用户至上原则

所谓用户第一，根据用户需求服务功能进行设计。对于不同的建筑，不同的用户有不同的需求，所以构成不同的建筑综合布线系统。因此，下面应该做的。

1．设计思想应当面向功能需求

根据用户的特点和需要生活在建筑，分析了综合布线系统的功能和实施有针对性的设计基于长期规划。综合布线系统支持语音、数据、图像（包括多媒体网络）和其他服务。如果有必要，监控、安全、对讲机、分页、时钟和其他系统也可以共享一个综合布线系统。

2. 综合布线系统应当合理定位

信息插座、配线架（箱、柜）的设置高度和水平布线，在整个建筑的空间使用应考虑，合理的定位，以满足需求的发展和扩张。建筑的大小、几何形状、用途和用户意见应该仔细分析。因此综合布线系统真正进入建筑本身，达到和谐和统一，美观实用。在正常情况下，信息插座的位置的大办公区域应设置在墙上或列，这是方便办公区域未来聚和装饰。普通住宅的功能可以按房间，客厅，书房，卧室分别设置语音或数据信息插座。

在弱电井道的复合布线采用桥式、楼面卧式、室内暗/开PVC管，应设计空间位置，并考虑后期维修的便利性。

3. 经济性

经济是指函数的优化设计和经济上先进和可靠的前提。与传统的独家布线相比，通用电缆有更多的经济优势。主要原因是通用电缆能满足的需求很长时间了。和传统的独家线路转换是非常耗时的，延迟造成的损失无法用金钱来计算工作。

4. 选用标准化产品

综合布线系统使用标准化的产品，尤其推荐使用大型国际公司的产品。因为大型国际公司的力量，有良好的产品质量和售后服务保证。在综合布线系统中应该使用相同的标准产品，为了方便设计、建设管理和维护，确保系统的质量。

简而言之，综合布线系统的设计应符合国家标准，通信行业标准和推荐标准，并参考国际标准。此外，根据系统的总体结构的要求，每个子系统结构和标准化的基础上应该代表当今最新技术成果。

在具体的综合布线系统设计中，注意把握以下基本点。

（1）尽量满足用户的通信需求。

（2）理解建筑，建筑交流的环境和条件。

（3）确定适当的通信网络拓扑结构。

（4）选择合适的传输媒介。

（5）打开作为基准，保持兼容大多数制造商的产品，设备。

（6）系统设计方案和施工成本预算提前通知用户。

二、综合布线系统设计等级

设计的智能大厦和智能小区综合布线系统取决于用户的实际需要。不同的需求可以给不同的设计水平。根据GB/t50 311~2000，综合布线系统的设计坡度可分为基本类型，增强类型和全面的类型。

建筑和建筑，我们应该根据实际需要选择合适的布线系统。当通信网络使用需求不明确，建议配置根据下列规定。

（一）基本型综合布线系统

基本的布线系统是一种经济有效的布线方案，适合的场合低配置标准布线系统。

1．基本配置

基本类型设计品位，综合布线系统采用铜芯双绞线网络，具体要求如下：

（1）每个工作区域是8~10m^2。

（2）每个工作区域有1套接字信息。

（3）每个信息插座电线电缆4条UTP双绞线。

（4）采用110交叉连接硬件，并兼容未来的附加设备。

（5）配置中继电缆：计算机网络，它是适合24信息插座2双绞合线，或每个枢纽组4双绞合线的电话至少一条扭曲的电线/信息插座。

2．基本特点

最基本的类型的综合布线系统可以支持语音、数据传输，主要特征如下所述。

（1）可以支持所有的语音和数据传输应用程序，是一个有竞争力的价格的综合布线方案。

（2）支持的声音，集成语音/数据高速传输。

（3）气体放电管的使用类型过电压保护装置和自动恢复过流保护，易于维护和管理技术人员。

（4）可以支持许多制造商的产品设备和特殊的信息传播。

一般来说，综合布线系统设计的基本类型水平更节约，可以更有效地支持语音或集成语音/数据产品，并可升级到增强或综合布线系统水平。

（二）增强型综合布线系统

增强的综合布线系统不仅支持语音和数据传输，而且还支持图片、图像、视频会议等，并根据需要可以管理通过使用接线端子。增强的综合布线系统适用于中等配置标准的场合，使用铜芯双绞线网络形式。

1．基本配置

具体配置增强设计级综合布线系统有以下要求：

（1）每个工作区域是8~10m²。

（2）每个工作区域有2个或以上2信息插座（语音、数据）。

（3）每个信息插座电线电缆4条UTP双绞线。

（4）使用110直接或插头硬件交接。

（5）配置中继电缆：计算机网络，它是适当的匹配2双绞合线根据24套接字的信息。

每个中心或集群有4对双绞线的电话，至少一对绞合线/信息插座。

2．基本特点

增强的综合布线系统不仅提高了功能，而且还提供了发展空间。它支持语音和数据传输应用程序和根据需要可以使用终端管理委员会。增强的综合布线系统具有以下基本特征：

①每个工作区域有2套接字信息，不仅灵活、实用。

②任何信息插座可以提供语音和高速数据传输。

③根据管理需要使用接线端子板，可以统一颜色代码，容易管理和维护。

④是一种可以为多个数据提供部门环境服务设备经济、有效的综合布线方案。

⑤采用气体放电管类型过电压保护装置和自动恢复过流保护。

（三）综合型综合布线系统

综合布线系统是适合配置标准较高的场合。光纤电缆系统添加到基本和增强的布线系统。

1. 基本配置

全面的设计品位综合布线系统配置有以下要求：

（1）每个工作区域是8~10m²。

（2）基本配置信息插座的数量为基本配置，每个工作区域有2个或更多的信息插座（语音、数据）。

（3）垂直干线的配置：计算机网络，每48信息插座应该配备2芯光纤。

电话或计算机网络的一部分，双绞线可以选择，根据信息所需的电缆对插座的25%，或根据用户的需求，并考虑适当数量的备用。

62.5微米的光缆和光纤到桌面在树干或建筑或建筑复杂的布线子系统。

（4）在地板上信息少点，在指定的长度范围，几层楼的中心，并结合计算纤维芯数量。

光纤芯的数量计算出每层也应该选择根据额定容量和电缆的实际需要。

提供超过2双绞线在每个工作区域主干电缆。

如果一个用户需要光纤到桌面（FTTD），光纤可以直接从大楼的总配线架BD转移到通过或不FTTD桌面。纤维芯数量不包括FTTD的应用。

（5）楼层之间没有垂直主干电缆应铺设地板原则上，但有些插件可能每层预留给FD，和合适的电缆应暂时在必要的时候。

2. 基本特点

综合设计坡度布线系统的主要特点是引入光缆作为传输介质，适用于大型智能建筑。具有以下特征。

（1）每个工作区域有超过2套接字信息，灵活，方便，功能。

（2）任何信息插座可以提供语音和高速数据传输。

（3）用户可以利用接线板进行管理，便于维护。

（4）用户可以使用的接线端子板管理、易于维护。

（5）有一个很好的环境，为用户提供服务，光纤电缆管理可以利用光纤连接器。由于光缆的使用，可以提供高带宽。

剩下的特性基本相同或增强。

3. 综合布线系统设计等级之间的差异

所有基础、增强和综合布线系统可以支持语音和数据传输服务，并且可以升级根据智能建筑的需要。也有一些差异，这主要体现在以下两个方面：

（1）支持语音和数据传输服务采用不同的方式。

（2）在运动和布局，实现线管理的灵活性是不同的。

综合布线系统工程中，根据用户的具体情况，灵活掌握。基本设计品位目前已被消灭，当前流行的是增强综合布线系统设计品位。

三、综合布线系统设计

综合布线系统应能支持电话、数据、图形、图像等多媒体服务，并根据工作区子系统设计，布线子系统、干线子系统、设备子系统、管理子系统和构建复杂子系统。

综合布线系统的设计应该采取开放的明星拓扑。在这种结构中，每个分支子系统是一个相对独立的单元，和改变每个分支系统不会影响其他子系统。你可以切换明星，巴士，戒指，和其他网络通过改变节点连接。打开星综合布线系统的拓扑结构可以支持各种局域网常用的目前，主要包括星形网络、局域网/广域网，令牌环、以太网、光纤分布式数据接口（FDDI），等等。

（一）工作区子系统的设计

在设计工作区子系统时，重要的是要理解工作空间的概念和划分原则，熟悉设计要点、设计步骤和工作区子系统的适配器的选择原则，并掌握信息插座和连接器的连接技术。

1．工作区的划分原则

通常情况下，一个单独的区域，需要一个终端设备的设置分为工作区。一个单独的区域，需要设置终端设备应该被分成一个工作区域。服务区的工作区域可以设置5~10，或显示区域的大小可以调整应用程序。

2．工作区子系统设计要点

根据用户需求，工作区子系统通常被分为三个类别的声音，数据和多媒体设计，应考虑以下几点：

（1）在工作区域，槽的敷设应合理的和美丽的。

（2）信息插座设计从地面30厘米以上的距离。

（3）信息插座和计算机设备之间的距离保持在5米。

电缆的总长度，跳投和设备连接在工作区域不得超过10米。

（4）网卡接口类型和有线接口类型保持一致性。

（5）估计的数量信息模块、信息插座和面板所需的所有工作区域。

当用户需求不确定和系统具体承诺不了，建议两个I/O插座安装在每个工作区。通过这种方式，设备或线路之间的交叉连接字段可以灵活配置，很容易管理。

虽然可以使用适配器和其他设备的I/O环境，可以安排一个公共接口，设备的类型和类型的传输信号集成之前需要仔细研究设计的承诺，并考虑以下三个因素：

（1）每一个设计方案的最佳经济妥协。

（2）一些更难以预测的系统管理因素。

（3）在布线系统的生命，运动和重排反应的影响。

3. 工作区子系统设计步骤

具体设计工作区子系统，按照以下三个步骤。

（1）确定工作区尺寸。计算每层的布线面积根据平面图，估计每层的工作区域，然后把所有楼层的工作区域来计算整个建筑的工作区域。

（2）用户选择的设计方案。一般来说，两种计划应该为用户设计的选择：一个是基本类型，设计每一个9信息出口计划。

另一种类型是增强的类型或综合类型，设计每一个9的计划两个网点信息。

（3）确定点的类型和数量信息。根据用户的投资性质确定工作区域的具体信息点，根据基本类型（满足基本需求）、增强型（比基本类型有较大的改进）或综合类型（对增强型的改进，可能考虑到桌面光纤）确定信息点的类型和数量。

4. 确定信息点、信息插座的类型及数量

信息插座之间的接口终端（工作站）和布线子系统。综合布线系统可以使用不同类型的信息插座和插头，最常见的是注册插孔-45连接器。每工作空间配置至少一个插座盒。工作区，很难添加更多的套接字，安装至少两个独立的套接字。

综合布线系统的信息插座大致可分为嵌入式安装插座、表面安装插座和多传输介质信息插座。

（1）确定信息插座类型和数量的原则如下：

①根据已掌握的用户需要，确定信息插座的类别。

②根据建筑平面图，计算实际可用的空间。

③依据空间的大小，确定I/O插座的数量。

④根据实际情况，确定I/O插座的类型。总的来说，新建筑使用嵌入式I/Osockets；表面安装的I/O插座为现有建筑物。

（2）确定点信息的原理如下：一般而言，对于每一个在办公室办公区域，可以配置2或3点的信息。

此外，3~5专用信息分应该配置为工作组服务器、网络打印机、传真机、视频会议等。如果办公室区域是一个业务应用程序，点信息的带宽是10 mbps或100 mbps，以满足需求。如果这个办公室面积为应用技术开发，每个信息点应该转向100 mbps或1 000 mbps，甚至光纤点信息。

（3）该方法估计的I/O数量套接字和信息模块如下：在一般情况下，总需求数量的注册插孔-45连接器总额的4倍信息分n，以15%的冗余，和它的计算公式是：m=4n（1+15%）。信息模块的总需求是n个点信息的总量，加上3%冗余和计算公式：m=n（1+3%）。

5．信息插座连接要求

工作区域的终端设备（如电话、传真、电脑）可以直接连接到每个信息插座在工作区域5类双绞线，或转换为信息插座适配器（例如ISDN终端设备），平衡/非转换器。因此，工作区布线需求相对简单，易于移动，添加和更改设备。

在工作区中每个信息插座应该支持终端设备（如电话、数据终端、电脑和显示器。同时，为便于管理和识别，一些制造商的信息插座制成各种颜色，如黑色，白色，红色，蓝色，绿色，黄色，等等，这些颜色应设置符合ANSI/TIA/EIA606标准。

注册插孔-45连接器和注册插孔-45套接字信息，主要有两种类型的连接与四个双绞线：ANSI/TIA/EIA568~568标准和ANSI/TIA/EIA-b标准。ANSI/TIA/EIA 568-b标准一般采用。

信息插座的通用连接技术是：终端（工作站）的一端，注册插孔-45连接器与8针插入网卡；在信息插座的一端，跨接线的rj-45连接器与插座连接。布线子系统的一端，4双绞合线电缆连接到插座；每个4-pair双绞线以一个有模块化的套接字（插头）工作区域。

（二）配线子系统的设计

布线子系统主要实现信息插座在工作区域之间的联系和管理子系统，即中间配线架（IDF）。分配子系统应采用星型拓扑结构。布线子系统的设计包括传输介质和部件的集成。

在布线子系统的设计中，在了解布线子系统的组成和熟悉设计要点的基础上，熟悉信息插座的选择、配线框架和电缆管理器、正确选择传输介质及布线子系统的布线方案。

1．配线子系统设计要点

布线子系统的设计涉及传输介质和组件的集成布线子系统。要点如下：

（1）根据工程环境条件，确定电缆的方向。

（2）确定电缆的数量和类型，槽，管道，和相应的繁荣，支架，等等。

（3）确定电缆的类型和长度，以及信息插座的数量和位置安装在每层楼。

（4）当语音点，数据点需要交换，设计使用电缆类型。

2．缆线的选购

（1）在选择电缆布线子系统，它是根据类型，确定特定信息的能力、带宽和传输速度点。在正常情况下，可以选择普通的铜芯电缆扭曲，在必要的时候，选择阻燃，低烟、低毒性和其他电缆。

在需要时，光缆也可以被使用。在布线子系统，通常有四种电缆：

①100Ω非屏蔽双绞线（UTP）电缆。

②100Ω屏蔽双绞线（STP）电缆。

③50Ω同轴电缆。

④62.5/125μ多模光纤电缆。

100d非屏蔽双绞线（UTP）有线或62.5/125μ介子建议多模光纤电缆的布线子系统。设计，根据用户的带宽需求选择。

点的语音信息，可以使用三种双绞线。点的数据信息，超5类双绞线或6类线可以被使用。在严重的电磁干扰的场合，可以使用屏蔽双绞线。从的角度系统的兼容性和灵活的可交换性信息的点，建议布线子系统采用同样的布线材料。一般来说，超级5双绞线可以支持100mbps，155mbps和622mbps的ATM数据传输，这不仅可以传输语音、数据、多媒体和视频会议数据信息。如果有更高要求的带宽，可以考虑选择超过6种电缆，7种电缆或电缆。

（2）订购电缆时，应考虑连接的方式和方向，以及每个信息点连接距离和其他因素。一般来说，计算电缆长度根据以下步骤：

首先，确定布线方法和电缆方向；然后，确定交接的管理区域的房间，确定最远的距离信息插座（左）和距离最近的信息交接房间插座（S），并计算平均电缆长度=（L+S)/2；平均电缆布线长度=平均电缆长度+备件（平均电缆长度的10%）+终端宽容（约6米）。

每个楼层用线量的计算公式为

$$C=[0.55×（F+N）+6]×n$$

其中，C是用于每层和F是最远的距离信息插座接口；N之间的距离最近的信息插座和结；N是每层信息插座的数量。

则整座楼的用线量为：

$$W = \sum C$$

布线子系统根据整个综合布线系统的要求，连接之间的配线设备交接或设备。交叉连接的跨接配线设备应该在软跳线插头，一般线路。双芯跳线可用于电话线。双绞线电缆或电缆布线子系统的长度不得超过90米。确保链接性能条件下，水平电缆的距离可以适当延长。信息插座应该使用8位模块化通用插座或电缆插座。一个4-pair扭曲的电缆应固定插座和终止信息。

3. 配线子系统布线方式

线路的布线子系统连接的电缆连接的信息管理子系统的I/O工作区域每层的套接字。根据建筑的结构特点，设计师应该考虑最短的路线，最低的成本、方便施工、综合布线标准和其他方面。有以下常用线路方案的选择。

（1）天花板槽式电缆桥架。电缆桥架与天花板槽适用于大型建筑。或布线系统更为复杂，需要额外的支持。为预制光槽式电缆槽的主电缆层提供机械保护和支撑，金属桥是一种密闭型，安装在天花板上，从弱电井到房间都装有信息点，再由不同规格的铁管或高强度PVC管线埋入墙壁内，引到安装在墙壁上的暗锡盒，最终端接在用户信息的插座上。

综合布线系统是径向的分布电缆和有大量的线，所以它是非常重要的计算槽容量。根据标准槽设计方法，槽的容量应根据分布线的直径决定的，也就是说，槽的横截面积等于横截面积X3的配电线路。

线槽的材料是冷轧合金板。表面可以进行相应的处理，如果电镀，喷涂，油漆烘烤等，选择不同规格的线槽根据情况。为了确保电缆的转弯半径，槽应当配备分公司配件相应规范的路线转动灵活。

为了确保安全，坦克应该有一个良好的接地端。金属线槽、金属软管、金属桥和分布线内阁应该作为一个整体连接并接地。如果出口不能确定准确的位置信息，可以放置在电缆盘的出口吊顶时，电缆拉。确定位置后，可以导致电缆出口的信息。

（2）地面线槽方式。地面线槽模式适用于大型开放办公室或需要扮演分区的场合，以及地面类型信息出口密集的情况。建议金属线槽或线槽地板被嵌入在地上垫。主干槽从每个房间的弱电井信息点沿着走廊，然后是支架槽导致点退出房间里的信息。强电线可以配置与弱电线，但分开在不同的时段，以便为每个用户提供一个集成的面板包括数据，语音，不间断电源，照明电源插座，真正实现办公自动化在一个清洁的环境。

由于地垫中可能存在消防等系统线路，建筑设计单位有必要根据管道设计人员提出的要求和各系统的实际情况，完成地垫槽布线部分的设计。槽的容量确定根据分配电缆的外径，也就是说，槽的横截面积等于横截面积×3的配电线路。

地面线槽是钉矩形线槽在地面垫，拉一个盒子或箱子每4~8米（岔路，盒作为一个分支盒），直到盒子的信息出口。有两种类型的地面线槽50型和70类型。70型外形尺寸为70mm×25mm（宽×厚），有效段1 470，占空比30%，可穿插24对绞合线（3、5型混合使用）。50型外形尺寸50mm×25mm（宽×厚），有效段960，可穿插15对绞合线。接线盒和线框是由两个或三个槽拼接。

（3）直接埋管线槽方式。直接埋地管线槽由一系列金属布线管道或金属线槽密封在地板上浇混凝土。这些金属布线管道或插槽辐射从连接套接字的位置信息。根据通信和电力线路的要求，地板厚度和面积的占领，直接埋地管道沟的布线方法应采用厚壁镀锌管道或薄金属管道。这种方法被广泛使用在传统的独家线路设计。

分配子系统的电缆应采用电缆桥架或槽。电缆置于地板下，可根据环境条件，选择地板下槽布线、网络地板布线、高架（移动）地板布线、地板下管道布线。

（三）干线子系统的设计

主干子系统提供了路由主缆的构建和实现总配线架之间的连接和中间配线架，计算机、交换机、控制中心和每个管理子系统。干线子系统的设计不仅要满足当前的需要，也适应未来的发展。

尽管主干子系统的综合布线系统称为垂直子系统，它不一定是垂直放置。例如，在具有宽的平面布置图的大型工厂中，主干子系统的电缆可以被平放，这也提供了连接交叉点的功能。在大型建筑物中，干线子系统电缆可能由两个或两个以上的水平（通常不超过三个）。干线子系统设计中，重要的是掌握设计原则、设计步骤和布线方法的主干子系统。

1. 干线子系统的设原则

主干子系统的任务是将信号从连接到设备间通过建筑内部的传输电缆，直到它传播到外部网络。主干子系统的设计一般应遵循以下基本原则。

（1）主干子系统应星拓扑结构。

（2）主干子系统应选择主干电缆短，安全及经济路由。

建议选择封闭类型综合布线通道与门，或合并与弱电竖井分享。

（3）从地板上配线架（FD）总配线架（CD）的建筑复杂，最多只能有一个交叉连接之间的总配线架（BD）水平。

（4）主电缆应使用点对点，也可以使用分支减少，和电缆直接连接方法。

地板配线架之间的最大距离和建筑物的总配线架不应超过500米。

（5）语音和数据电缆应分开。机房与机房、开关室位置不同，语音电缆需连接机房，数据电缆需连接机房，设计时建议选用不同的主干电缆或主干电缆的不同部分，分别满足语音和数据传输的需要。必要时，使用光缆传输系统。

（6）干线子系统在系统设计、施工，应保留一定数量的电缆作为冗余。这是非常重要的综合布线系统的可伸缩性和可靠性。

（7）主电缆不应放置在电梯里，供水、供气、供热等轴。

两个端点屈指可数。

室外部分应当提供套管，不得重叠在树干上。

2. 干线子系统的设计步骤

一般来说，主干子系统设计以下步骤。

（1）根据主干子系统的星形拓扑结构，确定主干电缆线路从地板到设备。

（2）画出线路图。使用标准的图形和符号画树干的电缆路由图子系统。这幅图应该清楚整齐。

（3）确定主线连接电缆之间的连接方法。

（4）确定干线的类型和数量。主电缆的长度可以通过实际测量的比例尺绘图或算术序列计算。注意，每个段的主要电缆应该冗余（大约10%）和结束宽容。

（5）确定支护结构主要敷设电缆。

3．干线子系统的布线方式

建筑，主干子系统的垂直通道电缆孔，电缆竖井、管道和其他选项。电缆竖井普遍采用。水平渠道可以选择内嵌管或电缆桥架。

（1）电缆孔。中使用的电缆孔垂直主干通道是非常短的管道，通常用钢金属管道直径10厘米。他们是嵌入在浇注混凝土楼板时，地板表面上方2.5~10厘米。电缆与钢丝绳，连着铆接金属条在墙上。之间的连接上下对齐时，一般使用电线电缆洞。

（2）电缆竖井模式。电缆竖井方法通常用于垂直主干通道，也称为轴。电缆竖井广场是"挖坑待建"，每层允许主线电缆穿过这些竖井和扩展从一层到另一个。电缆轴的大小取决于使用的电缆数量。像电缆孔，电缆也绑定或箍筋支持钢丝绳，钢丝绳撞墙金属条或地板上三脚架固定。电缆竖井非常灵活，可以让各种不同厚度的主干电缆通过多种组合。

在多层建筑中，常常需要使用中继电缆的横通道连接的设备的垂直主干通道和二次结每层结。注意水平布线需要寻找一个方便的通道，很容易安装，因为可能有多个连续两个端点之间的通道。当布线子系统和干线子系统、数据线、语音线及其他弱电系统应考虑信道共享。

主电缆可能是点对点连接，下降，分支电缆直接连接。

（四）设备间子系统的设计

子系统设备之间连接电缆，连接器，支持硬件和其他常见系统设备设备之间，即集中的点线管理。综合布线系统、BD、电话、电脑和其他设备主要安装在设备的房间。进口设备也可以组装在一起。

设备间子系统一般应至少具有以下三个功能：为网络管理提供场所；提供的

设备进入线；提供一个地方管理人员值班。

在装置间子系统设计中，在熟悉装置间子系统设计原则的前提下，合理规划装置间子系统的规模和设置，如何满足环境条件的要求，如何掌握装置间子系统的设计步骤，是非常重要的。

1．设备间子系统的设计原则

当设计子系统之间的设备，应坚持以下原则：

（1）根据最近和操作方便的原则，设备的位置和大小应根据设备的数量、规模、最佳网络中心和其他因素综合考虑。

（2）主界面面积，净高选择原则。

（3）接地原理。

（4）颜色标准原则。的设备，所有的通用连接设备应使用颜色代码来区分选择布线区域

（5）大楼的综合布线系统和外部通信网络连接时，应遵循相应的接口标准，保留相应的访问设备的安装位置。

2．设备间的空间规划与设置

一般来说，房间设备的主要功能是提供一个管理环境的安装设备，但设备的房间也可以设置类似于所有层界面的功能。设备房间的主要地方安装电缆，连接硬件、保护装置和连接建筑设施与外部设施。这个概念的根本目的是确保不管什么功能，无论什么样的空间安装，它可以保持各种布线的独立功能和区别于其他功能，并为每个函数提供足够的安装和维护空间。

规划和设计机房时，应预留适当的地面空间的使用设备的房间，是否在建筑设计阶段或当承租人占用或使用。拥挤的和狭窄的设备房间不仅不利于设备的安装和调试，也不利于设备的管理和维护。

（1）设备间的面积：设置专用设备的目的是扩大通信设备的容量和空间来容纳局域网，数据、视频网络硬件和其他设施。设备房间不仅是一个地方的设备，同时也为员工提供管理操作，和它的使用面积应满足当前和未来的需求。因此，空间维度应如何确定？理想情况下，实际安装设备和相应的房间大小应该指定。设备之间的可用面积可以确定在以下两种方式之一。

①通信网络设备。通信网络设备选择时，下面的公式可用于计算：

$$A = K \times \sum S_b$$

其中，A为设备室的使用面积，单位为m²；S_b投影面积的相关设备的综合布线系统和设备之间的布局图占据了一个位置；K为系数，取值为5~7。

②通信网络设备尚未定型。当设备尚未选型时，可按下式计算：

$$A=KN$$

式中，A为设备间的使用面积，单位为m²；N是所有设备平台的总数（架）设备的房间；K为系数，取值4.5~5.5m²/台（架）。

一般来说，设备之间的最小可用空间不得少于10（安装所需的区域分布帧）。其他设备的设备房间净宽度1米架，或内阁和设备的前后通道面板。如果不确定，设备和布局0.1平方米地面空间建议每10工作区。一般规定，最低14平方米作为基线，然后适当的密度增加根据网站水平布线连接计划。

（2）建筑结构：设备间的净高一般为2.5~3.2m。设备间门的最小尺寸为2.1m×0.9m，以便于大型设备搬迁。设备间的楼板载荷一般分为两级：A级楼板载荷≥5kN/m²；B级楼板载荷≥3kN/m²。

3．设备间环境条件要求

当设计子系统之间的设备，设备应该仔细考虑之间的环境条件。

（1）温度和湿度。根据相关设备对温度和湿度的要求在综合布线系统中，温度和湿度都分为三个层次：A、B和C，常见的微电子设备可以连续工作在正常范围：温度10℃~30℃，湿度20%~80%。超出这个范围，设备性能将会降低，甚至寿命缩短。

（2）尘埃。之间的设备应该防止有害气体的入侵，并应该有良好的防尘措施。尘含量允许房间里的设备是必需的。

（3）照明。房间里的设备，照明设备应离地面0.8米。和水平面照度不得少于300 lx。照明分支控制灵活，操作方便。

（4）噪声。噪音设备之间应小于68分贝。如果在70~80分贝的噪音环境中工作很长一段时间，它不仅会影响员工的身心健康和工作效率，但同时也可能导致人为噪声事故。

（5）电磁干扰。机房的位置应避免电磁干扰的来源，并安装小于或等于1Ω接地装置。无线电干扰磁场的强度范围内的设备房间的0.15~1 000 mhz的频率，不要超过120分贝。磁场强度不超过800/m（相当于10Ω）。

（6）电源。不少于两个单相220v电源插座和10之间的保护接地应提供设备。在安装电脑设备之间的通信设备，使用的权力应当根据电力需求设计的计算机设备。

4. 设备间子系统的设计步骤

设备间子系统的设计分为三个阶段：选择和确定主要的硬件连接字段（跳帧和引线框），选择和确定主干/辅助字段，并确定安装之间的各种硬件设备。

（1）选择和确定的主要硬件布线领域。主要布线领域是用来结束行电话办公室和公用事业、干线子系统的建筑物，建筑物和子系统。理想情况下，该网站应该安装这样一个跳投或跳线可以连接任意两点的网站。这可以很容易地通过安装不同的颜色字段一个接一个的规模较小。对于较大的过渡领域，有必要设计继电器字段/辅助字段之间的设备。

（2）选择和确定继电器字段/辅助字段。为了方便线路管理和未来的扩张，应仔细考虑安排继电器/辅助现场设备之间的位置。回归在设计网站，空间应该在中间，以适应未来的硬件。根据用户需求，继电器/辅助字段应该安装在相邻的墙壁。应该有一些空间之间的硬件连接继电器字段/辅助字段和主要连接字段，以便安排的引线框跳线。的设计继电器字段/辅助字段的大小应根据具体情况的行数和数据网络的类型。

（3）确定各种硬件的设备之间的安装位置。国际和国家综合布线系统标准不仅促进建筑师实现预定的重要性和设备之间的合理界定，也促进建筑师合理确定安装位置之间的硬件设备。合理确定每个硬件设备的安装位置的房间，是否有利于通信技术人员和系统管理员在机房工作。

（五）管理子系统的设计

管理子系统的主要功能如下：识别和记录连接设备，电缆，插座和其他设施的信息设备的房间，房间和工作移交区域按照一定的模式，以实现线路管理；提供方法来连接其他子系统；整个布线系统及其连接设备和设备构成一个有机的应用系统。一般电缆管理器可以安排或重新安排路线路由分布地区通过调整管理子系统连接的方式，所以输电线路延伸到每一个工作区域内的建筑。

因此，只要硬件领域的交叉连接模式调整线路连接，整个应用系统终端设备可以管理和灵活性、开放性和可扩展性的综合布线系统可以实现。有三个管理子系统的应用，即布线/主干连接，主干子系统互连，入站设备的连接。线的颜色标签管理也是管理子系统的实现。

在设计管理子系统，在理解的基础上管理子系统的功能，我应该熟悉设计原则、设计要求和管理子系统的设计步骤。

1. 管理子系统设计原则与要求

（1）管理子系统的设计原则如下所述：

① 管理子系统中，干线管理宜采用双点管理双交连的方式。

② 管理子系统，地板布线管理可以采用单点管理。

③ 配线架的结构取决于信息的数量分，综合布线系统网络的性质和所选硬件。

④ 端接线模块化系数合理。

⑤ 设备的连接模式跳接线应符合以下两个规定：首先，配线架上的相对稳定的连接，而不是经常修改，改变或重新布线，应采用夹紧连接方法。第二个是配线架经常需要调整或重组，快速连接插头连接方法的适当使用。

⑥墙体材料的列表列出的过渡空间应当充分和详细的墙画结构图。

（2）管理子系统设计注意事项。设计管理子系统应注意下列规定：

①大型综合布线系统应由计算机管理，和简单的综合布线系统应根据图纸的数据管理。

②每个电缆，电缆和布线设备，终端接触、安装通道和安装空间的综合布线系统应被给予一个唯一的标签。标签可以包括名称、颜色、数字、字符串或其他团体合。

③配线设备、电缆、信息插座和其他硬件应该设置不容易脱落，磨损的迹象，并有详细的书面记录和图纸。

④在电缆、光缆的两端均应标明相同的编号。

⑤配线设备和设备之间的交接应采取统一颜色标准来区分布线区域的各种用途。

2．管理子系统的交连硬件

目前，设计综合布线系统时，许多建筑考虑每层设置一个过渡空间管理的信息点电缆地板上。信息管理子系统，电缆是由"信息点集线板"管理，和有线电视的声音点由110连接硬件。因此，作为回归的房间，应该有内阁，集线器或交换机上，点集信息面板中，声音点110设置面板中，中心和其他设备。集线板的信息分了12端口，24端口，48端口，等等，应配备设置行小组根据点的数量信息。

管理子系统，房间和橱柜应根据管理信息的数量安排点。如果有许多信息，你应该考虑为他们安排一个房间。如果有更少的点的信息，没有必要建立一个单独的房间，墙上可以选择内阁管理子系统。

管理子系统的核心硬件配线架。在选择配线架，配线架的类型和容量应考虑。配线架铜电缆配线架和电缆配线架，铜电缆配线架分为110系列和模块化的系列。

（1）110系列分为夹类型（110型）和插件类型（110 p型）。通常的容量110配线架是100双，300双。如果需要其他双，可以现场组装。跳配线架常见的300年和900年对规范的能力。110系列由多行组成，每一行最多只能得到一个25-pair有线或六4-pair UTP电缆。110系列的组件连接到连接块3，4，5双。每一行25双可以用3双行结束，8双行，4双行结尾6行。例如，配线架，容量300双的12行。每一行只能结束125-pair行组，可以以1225-pair行组。4双UTP电缆，6行可以终止，12行可以终止，和1对不使用每一行。

（2）5类的模块化系列包括注册插孔-45连接器模块。这5个连接器模块采用IDC（绝缘位移联系）类型，以方便终止UTP电缆。注册插孔-45连接器模块是安装在快式跳线形成一个配线架，并连接到端口的网络设备通过注册插孔-45快式跳线的连接器。每种类型的配线架有不同的能力，包括24端口、48端口、64端口，等等，可以安装在48.26厘米的架子上。

（3）支持电缆配线架。62.5/125微米多模光纤需要SC或圣适配器终止。光纤配线架的各种能力提供这种终止，提供直接和交叉连接的光纤。

管理子系统，配线架连接水平电缆可以安装在各种连接房间，如布线间的地板上，和卫星连接的房间。各种分布在每个切换帧的容量大约是估计的类型和数量的信息在各自管理区域。人们普遍认为200年信息插座需要设置一个配线架。配线架应提供足够的冗余空间，便于以后扩展。卫星的设计界面，点的信息应该分布在最近的交换空间缩短水平电缆的长度。

3. 管理子系统的管理交连方式

在不同类型的建筑物，通常管理子系统采用三种不同的管理模式：单点管理单一链接，单点管理双链接和双点管理双重链接。

（1）只有一个管理单独的交叉连接。交叉连接设备的开关设备附近的房间，和电缆直接辐射信息的每一层楼的机房。所谓单点管理意味着在整个综合布线系统，只有一个点可以用于互连线的操作。两个字段之间的交联是一种抵消债券完全改变相应的线对。通常，交联中设置设备，并采用星形拓扑结构。它可以直接调度控制电路，实现I/O的变更控制。单点管理单一交叉链接属于集中管理，使用较少的场合。

（2）单点双交叉连接的管理在整个布线系统只有一个管理的观点。单点管理位于附近的开关设备或设备间互联设备。没有跳线管理线，它是直接连接到第二个硬件布线连接地区用户工作区域或移交的房间。所谓双交叉连接，是指配线电缆和中继电缆，或中继电缆和网络设备电缆在端子板内连接块的不同位置播放，然后通过跳线跳起两组端子，跳线在外面连接块播放。s为标准交叉连接。

一个单点管理两个连接之间的第二互连电路的连接。如果没有连接的房间，可以放在第二个连接用户的墙。这种管理只能应用于项目中I/O和计算机之间的距离，或者之间的设备，在25米，I/O量相对较小。单点管理双交叉链接采用星形拓扑结构，属于集中管理。

（3）建筑规模较大（如机场、大型商场），信息点较多，使用二次移交，并结合双点管理双链路。双头管理意味着除了一个管理设备房间，点第二个可控的交叉连接（跳）是放置在交接的房间或在用户的墙。双交叉链接应当通过两阶段交叉连接设备。第二个交叉连接可以连接块相结合的线路和车站连接块或接线端子的连接字段和车站是分开的。双点管理双交叉连接，第二个交叉连接是用作电线。

两点管理属于中央集权和分权管理，适用于获利。由于分类管理，管理和维护水平，中小学，范围明确，管理可以实现在两个点，以减少设备之间的管理负担。双头管理出卖连接是一种常见的方式管理子系统。

4. 线路管理色标标记

综合布线系统采用电缆标记，标记和连接器标记。其中，插件马克是最常用的，分为两种类型的贴纸标签或插入式标签。在每个交叉区域，实现线管理的方法是用颜色标记，比如建筑名称、位置、区域代码，连接起点和应用功能。跳线或每个颜色字段之间的接插线连接，和颜色代码表示字段是一个中继电缆，电缆分布，或设备接触。

这些颜色字段通常分配给指定的连接块安排垂直或水平。如果在颜色领域终端的数量很小，所有的终端都可以完成在一块。在这两种情况下，技术人员可以插入酒吧根据识别颜色的每一行来识别相应的字段。

（1）交接间的色标含义如下所述：

①白色：对设备之间的中继电缆末端表示不满。

②蓝色：表示到干线交接间输入/输出服务的工作区线路。

③灰色：重新连接到第二接点的电缆。

④橙色：表示来自交接间多路复用器的线路。

⑤紫色：代表一条线从一个系统实用程序，如分组交换的枢纽。

典型的干线交接间缆线连接及其色标。

（2）二级交接间的色标含义如下所述：

①白色：是点对点的连接端中继电缆从设备到设备。

②灰色：表示来自干线交接间的连接电缆端接。

③蓝色：代表的工作向主干切换输入/输出服务。

④橙色：表示来自交接间多路复用器的线路。

⑤紫色：代表一条线从一个系统实用程序，如分组交换的枢纽。

（3）设备间的色标含义如下所述：

①绿色：网络接口的设备侧。

②紫色：系统实用程序终端联系人（端口线干线等。）。

③黄色：表示交换机和用户的其他引出线。

④白色：代表主干电缆和电缆。

⑤蓝色：表示设备间至工作区或用户终端的线路。

⑥橙色：网络接口、多路复用器电路。

⑦灰色：端接与连接干线到计算机房或其他设备间的电缆。

⑧红色：关键电话系统。

⑨棕色：固定中继线。

总之，典型的综合布线系统由6部分组成的电缆连接和颜色代码。

5．管理子系统的设计步骤

在设计管理子系统时，有必要理解电路的基本设计方案来管理每个子系统的组件。一般遵循以下步骤。

（1）确认线模系数是三线或四线。每个电路模块被视为一个电路，电路模块化系数取决于特定的系统。

（2）确定语音和数据行结束电缆双的总数，并分配所需的语音或数据行字段或端子板。

（3）110年决定什么样的硬件组件。如果线对的总数超过6 000（即。110、2000行），交叉连接硬件被选中。如果线对的总数小于6 000，110或110p正交磁场硬件可以选择。

（4）确定可用于每个块的行数。白场连接的数量主要线路连接硬件的类型取决于硬件、可用线对的数量为每个块，和线对的数量需要终止。

（5）确定白场块的数量。分裂的总数输入行对每个应用程序所需的总数（语音或数据）线对每一块。

（6）选择和确定硬件的大小，即主干/辅助字段。

（7）确定硬件设备之间的连接的位置，画出整个综合布线系统，也就是说，详细施工图纸所有子系统。

我们已经确定的实现颜色标准。

（六）建筑群子系统的设计

建筑群子系统是用来连接建筑，实现建筑之间的网络通信。有线通信、微波通信和无线电通讯可以采用建筑之一。这里只讨论了有线通信。

的基础上理解子系统的概念，重要的是要掌握的要点子系统设计、电缆选择和布局。

1．建筑群子系统的设计步骤

在设计建筑复杂的子系统时，有必要先理解建筑的周围环境，以便合理地确定主电缆的路由，选择电缆类型及其路由方案。一般遵循以下步骤。

（1）理解奠定网站的特点：包括确定整个复杂的大小，边界的建筑工地，建筑的总数等。

（2）确定电缆系统的一般参数：包括起始点位置、端触点位置、涉及建筑物的接线、各建筑物的楼层数、各端触点所需的绞合对数、各具有多个端触点的建筑物所需绞合对数等。

（3）确定电缆入口。为现有建筑物，确定各种入口管道的位置，有多少进口管道可供每个建筑，以及进气管道的数量是否满足系统需求。如果进气导管是不够的，如果删除或重新安排一些电缆，可以释放一些进气装置吗？如果它是不够。额外的进气管道应该安装多少？如果不完成，建筑设计电缆系统根据选择的电缆线，马克入口管的位置，选择尺寸，长度和材料的入口管和要求入口管被安装在建筑物的建设。

建筑电缆入口管道应该定位连接到公用事业和通过一个或多个管道应该运行在墙上。所有易燃材料应当终止在建筑物的外面，除了聚丙烯薄膜外的电缆，提供它的长度在建筑（包括任何多余的卷边）不超过15米。相反，如果外部电缆延伸超过15米的室内建筑，应该使用适当的电缆进入设备和进气导管应该充满了一个防水密封胶和密封的。

（4）确定的位置明显的障碍：包括土壤类型的确定，如砂土、粘土、砾石土等。确定电缆的布线方法。地下公共设施的选址，应检查的位置或地理条件中的每个障碍提出有线路由，如平坦的区域，桥，池塘等。确定管道的需求。

（5）确定主干电缆路由和备用电缆路由。

①对于每个特定的路线，确定可能的电缆结构：所有建筑共享一个电缆。

②所有建筑物进行分组，每组分配一个单独的电缆。

③每建立一个电缆。找出哪些地方有线路由需要之前批准。

④比较每个路由的优点和缺点，选择最好的。

（6）选所需的电缆类型和规格：包括电缆长度，最后系统结构图和管道规格、类型等。

（7）预算工时，材料成本，确定最终的计划。

每个计划预算所需的劳动力成本，包括线路、电缆交接等。预算的成本每个项目所需材料，包括电缆和支持硬件的成本。

通过比较各种方案的总成本，经济实用设计方案被选中。

2．建筑群子系统主干缆线的选用

（1）群语音通信网络主干电缆选择遵循以下原则：

群语音通信网络的主干一般选用大对数线缆，其容量（总对数）根据相应建筑内的语音点数确定。原则上，每个电话的信息插座应该有至少一条扭曲的电线，不少于20%的津贴。还应该指出，建筑，并不是所有的声音线是连接到一个程控用户交换机之间的主要连接线路构建复杂。对于这部分直接拨号，没有必要进入构建复杂的主要交接的房间。应该考虑是否使用单独的电缆直接连接到公共城市电话网通过各自的建筑分布帧根据当地通信部门的要求。

（2）建立集团数据通信网络主干电缆选择遵循以下原则：

在综合布线系统中，光纤支持不仅FDDI骨干，1000BaseFX支柱，100 base-fx桌面，ATM主干网和ATM的桌面，也有线电视/中央电视台和光纤到桌面（FTTD）。这些建筑复杂的子系统和主干子系统布线主要人物。因此，是否使用单模光纤（传输距离达到3 000米，实际长度不超过1 500考虑衰减和其他因素）或多模光纤传输距离是2000米）应根据建筑物之间的距离决定。

从目前的应用实践中，根据建筑的大小和网络数据传输速率的要求，主要的公园的光缆数据通信网络可以选择6~8核心，10~12核心，甚至分别推出这种室外单模光缆。此外，一些冗余应考虑在主电缆，这是非常必要的综合布线系统的可扩展性和可靠性。

3．建筑群子系统缆线布线

主电缆、光缆、公共网络和私人网络线、光缆（包括天线馈线）进入建筑，应该建立引入设备，并在适当的位置到室内电缆，光缆。传入的设备还包括必要的保护装置。房间应设置单独的进口设备。如果条件允许，可以设置与双相障碍或CD。

（1）建筑物和建筑物的主干电缆、中继电缆布线连接不应该超过两次。只有一个建筑配线架（BD）之间可以通过地板配线架（FD）和构建复杂配线架（CD）。

（2）建筑之间的电缆应使用地下管线或电缆沟敷设。设计的时候，一定数量的备用管孔应该留给扩张。

（3）直接埋电缆时，电缆应埋在地面深度低于60.96厘米，或根据有关规定。

第三节　高校网络学习中心综合布线系统的实施

网络综合布线系统的建设是一个非常重要的步骤在整个布线项目，也是成功的一个关键步骤布线工程。线路建设依法完成布线安装，测试和工程验收规范和标准，如ISO/IEC14 763~1~3、GB/T50 312~2000，以确保每个组件的安装质量的实施项目。

一、网络综合布线施工要点

不管它是五，超五类，六类电缆系统，或电缆系统，都必须通过施工安装完成。施工过程有很大的影响在传输系统的性能。即使选择了高性能电缆系统。如果施工质量差，其性能可能不会达到5个类别的指标。因此，无论你选择何种水平的布线系统安装，最后的结果必须满足相应的性能指标。它的质量是关键，确保网络布线项目掌握网络布线施工的要点和制定施工管理措施。

综合布线系统工程勘察后，设计，确定施工方案，接下来的工作是项目的实施。项目实施的第一步是施工前的准备工作。在这个阶段，有两个主要任务：硬件和软件准备做准备。

（一）硬件准备

硬件准备工作主要是材料制备。网络综合布线系统工程的建设需要大量的建筑材料，其中一些需要准备好展开建造之前，其中一些可以准备在施工过程中，根据不同的项目有不同的需求。设备不需要的地方，因为它是经常使用在项目的不同阶段，如网络测试人员，不需要建设的第一天。为了顺利执行项目，考虑应该尽可能全面和周到。

材料制备主要包括光缆、双绞线电缆、插座、信息模块、服务器、稳压电源、集线器、交换机和路由器，等等，来实现购买制造商和确定交货日期。同时，不同规格的塑料槽板、PVC消防管、蛇皮管和自攻螺钉连接材料也应到位。如果中心是集中供电，准备铅铁管和发展电气设备安全措施（电源线路应按照民用建筑标准代码）。

在施工现场可能会遇到各种各样的问题，不可避免地使用各种工具，包括建筑、空中作战，切割成型设备、弱电施工、网络电缆专用工具和其他设备。

1. 电工工具

在施工过程中经常需要使用电气工具，如各种类型的螺丝刀，钳子，各种电动工具，锤子，电工胶带，万用表，测试笔，长和短的磁带和电动烙铁。

2. 穿墙打孔工具

也在建设过程中需要使用大量的射孔工具穿过墙壁，如冲击钻、切割机、钉枪、铆枪，空气压缩机和钢丝绳。这些通常是太大、太重，和昂贵的设备，主要用于定位和硬化的凹槽，铁路、管道，以及铺设和安装的电缆。建议配合专业安装人员从事建筑装饰。

3. 切割机和发电机、临时用电接入设备

每次都不需要这些设备，但他们每次都需要装备，因为它们可能用于大多数综合布线系统的建设。特别是，切割机及研磨设备的建设是不可或缺的工具很多凹槽和段落。

4. 架空走线时的相关工具及器材

架空线路所需的相关设备，如膨胀螺栓、水泥钉子，安全绳，脚架，等等，都是航空工作所需的工具和设备，无论施工，外墙线槽敷设，或建筑的架空电缆操作复杂，等等。

5. 布线专用工具

通信网络的布线需要特殊工具连接同轴电缆、双绞线和光纤。如剥线器、压电线工具和电缆测试仪。

6. 测试仪

不同类型的光纤、双绞线和同轴电缆测试仪，不仅可以是一个函数，也可以是一种功能齐全的集成测试工具，如侥幸dsp-4000/4 100网络测试仪。一般来说，双绞线和同轴电缆测试仪器更常见，价格相对较低；光纤测试仪器、设备更专业，价格较高。此外，有许多专门的仪器来完成完整的测试从低到上层。最好是准备1~2个笔记本电脑与网络接口和预安装一些软件为网络测试。这种类型的软件是相

当广泛的，涉及广泛的应用，其中一些只涵盖物理层测试。甚至其中一些用于协议分析、流量测试或服务拦截。选择不同的测试平台根据不同的工程测试要求，如通常用于网管的Snifter Pro、LAN-pro、Enterprise LAN Meter 等。

7. 其他工具

上述准备设备的基础上，我们需要准备透明胶带，白色胶带，各种规格的贴纸，彩色笔，突出手电筒，皮带，牵引绳，卡封面和后卫卡等。如果架空线路跨度很大，也需要配置对讲机和施工警告标志和其他工具。

（二）软件准备

软件准备也是非常重要的，主要的工作包括：

（1）设计布线系统施工图纸，确定路由接线图、建筑、监事、监事使用。

（2）制定施工进度。施工进度适当离开房间，在施工过程中随时可能发生意想不到的一些东西，立即协调解决。

（3）提交给工程单位开始报告。

（4）项目管理，主要指的是劳动分工，人员素质培训和施工前动员。一般来说，项目团队应首席指挥官，项目经理、项目副经理、技术总监、设计工程师、工程技术人员、质量管理工程师、项目经理、安全主管。设计团队根据系统的情况与相关工程师，负责项目设计。工程技术团队应当有3个技术工程师负责这个项目的建设。质量管理团队应当配备一个质量控制经理和一个材料设备经理负责质量管理。项目管理团队应当配备一个项目经理，一个行政助理和一个安全官。

并不是每个施工人员都清楚自己的任务，包括工作的目的和性质、整个工程中所做工作的状态和作用、过程要求、试验目标、与前后处理的联系、时间和空间安排及所需的资源，所以在施工前动员是非常必要的。此外，根据"从上到下，一步一步细化"项目的原则，很多情况下可能需要与其他工程承包商合作，如电缆埋，开销，建筑外槽敷设，等等。分包商的责任、权利和利益的"责任"领域明确和清晰的吗？可以建设能力和管理水平达到工程要求？它会导致冲突与其他承包商或推卸责任？这些问题应该解决在施工准备阶段。

二、布线工程管理

除了高水平工程设计和高质量的工程材料，有效和科学的工程管理也是必不可少的一个完美的项目。施工质量和施工速度的系统工程管理。为了规范和项目项目管理提高项目实施的可靠性，一系列制度化工程标准形式和文档可以制定实施布线工程。这些标准形式和文档覆盖等方面作为调查地点，开始检查，工作任务，工作阶段报告，返工单，下一阶段施工单，网站的股票，备忘录和测试形式。

（一）现场调查与开工检查

现场调查和调查通常先于工程设计。一个高层次、高质量的设计方案密切相关现场调查和分析，这样的现场调查可以多次提交网站环境的变化。实地调查问卷的类型很多，主要用来描述实地情况与一般情况之间的一些相关因素。

在开始施工之前，应进行毕业典礼检查确定项目需要修改和网站是否环境已经改变了。首先，检查施工图纸和计划是否符合实际情况，以及相关的参数是否建筑的重要特征（集团）已经改变了。此外，有必要检查孔使用的建筑和装修材料中提到的图纸。表面开挖的条件是什么？有任何遗漏的设备或线路方案吗？有修改的余地吗？这些是主要内容，施工前的最后检查。如果没有错，应该严格执行施工计划。因此，在施工之前。工程师和现场安装人员应熟悉环境。当然，项目负责人和有关人员也将被告知，并在他们的帮助下进行期末考试。开始检查表单应提交用户项目开始前，应由用户签字。

（二）工作任务分配

施工作业的任务，有必要意识到施工质量该组织和建设速度并不矛盾。俗话说得好，"欲速则不达"。在开始工作之前首先要做的是调整你的态度。一个项目通常会赶时间的话由于返工浪费更多的时间。如果工期紧，施工人员可以根据实际需求增加，但盲目增加闲置人员不仅不能加快进度，但可能会阻碍网站的订单。

理想的项目管理应使现场忙，一切都完成，每个人都有事情要做。这可以通过使用一个调度原理类似于现代计算机CPU芯片称为"并行多通道管道处理"，不相关的项目是分开和同时建造。一个典型的例子是，外面的地面和地球工程的建设可以同时进行铺设的电线槽内。终端信息插座的安装工作区域可以同时进行与配线架建设管理的房间。

施工任务的分配包括布线项目的时间要求和完成的工作。前的工作分配应当提交形式展开建造和构造函数和各方签署的。为了确保施工进度，可以制定项目进度。不仅此时，离开房间，还要考虑其他对项目工程建设可能带来的负面影响，避免的问题无法按时完成交付使用。

（三）工作阶段报告

顾名思义，一个工作阶段报告提交的一份报告的每个阶段的工作完成后，通常一个或两个星期。报告完成后，用户应当配合人员，项目经理和项目实施单位的主管总结前一阶段的工作现场检查后，并形成工作阶段报告。同时，计划下一阶段的工作。

（四）返工通知

总结前一阶段的时候，如果有任何问题需要返工，你需要提交一份返工通知。返工通知可以在形式上，主要描述的原因返工，返工要求和返工完成时间。建造方应提出技术解决方案来解决这个问题，返工的成本及其他解决方案来解决相关问题。

（五）下一阶段施工单

建设为下一阶段应当描述现场情况，需求、人员、工具、材料等工作的下一个阶段之前，一般在1~3天内提交相关工作的开始。有关单位应当建设准备根据下一阶段建设的内容列表和有关各方的负责人签字。

（六）现场存料

工程材料的交付和使用现场股票不断变化。使项目按计划进行。需要有一个"好主意"材料的存货。为此，有必要填写和提交字段存储形式。这个表主要描述了材料库存，存储位置，材料在运输途中和到达时间。

（七）备忘录

在项目的实施，各种会议和研讨会相关链接项目和有关单位的正式声明应当提交备忘录的形式和签署并由有关单位接收。

（八）测试报告

现场验证试验时，应分别对光纤和双绞线进行试验，并出具试验报告。测试报告可以提交一个表单，应填写和签署的相关人员。综合布线系统工程验收的主要是根据测试报告完成。

（九）制作布线标记系统

综合布线的标记系统综合布线应符合ANSI/TIA/EIA606标准，和标记都有10年以上的保质期。

（十）验收并形成文档

作为项目验收的重要组成部分，完善的文档应该建立在上面的链接。注意，所有文档引用项目管理应视为机密。

三、施工结束时的工作

在网络布线的施工项目，涉及的主要工作包括：清理现场，保持现场清洁和美丽；修复墙孔和轴的交点；收集各种各样的剩余材料，把剩余的材料放在一起，并注册板块仍然可用的数量；总结。做一个总结是收集和整理文档材料，主要包括一开始报告，布线报告，施工过程报告，测试报告，使用报告和验收报告所需的项目验收。

第六章

互联网时代背景下高校学习中心网络管理系统架构

计算机网络，计算机技术和通信技术的结合，近年来发展迅速。规模的不断扩大，越来越多的设备在网络和越来越多的异类。与此同时，随着计算机网络迅速进入我们的工作和生活越来越多，人们对计算机网络的依赖是越来越高。

这使得计算机网络操作的可靠性和安全性非常重要，并提出更高的要求，网络管理和操作。网络的维护和管理系统变得越来越复杂。网络管理人员不再能保证网络的正常运行可靠和快速通过手动方法，甚至满足当前开放的异构网络环境的需要。人们迫切需要使用计算机来管理网络，提高网络管理水平，计算机网络可以快速安全、传输用户需要的信息。所以计算机网络管理的理论。

第一节　网络管理概述

一、网络管理

为一个发展中技术，无论从理论还是实践，网络管理必须有一个明确的概念，网络管理的对象有一个相对清晰的定义。

（一）计算机网络管理概念

所谓计算机网络管理是计划、监督、设计和控制使用网络资源和网络的各种活动，为了使网络性能达到最优。实际上，网络管理就是以某种方式调整网络的状态，使网络能够正常、高效地运行，更有效地利用网络中的各种资源，在网络出现故障时及时报告和处理，协调和维护网络的高效运行。

一般来说，网络管理的概念可以分为网络的管理"路"，也就是说，管理骨干网络交换机和路由器等。访问设备的管理，内部管理电脑，服务器，交换机，等；管理的行为，也就是说，用户的使用管理；管理的资产，即它的软件和硬件信息统计等。计算机网络管理有五个功能。

1. 故障管理

故障管理（Fault Management）管理是网络管理中最基本的功能之一。用户需要一个可靠的计算机网络。当一个组件的网络失败，网络经理必须迅速发现和解决它。迅速隔离故障常常是不可能的，因为网络故障的原因通常是相当复杂，特别是当故障是由多个网络引起的。在这种情况下，网络通常是先修好，然后网络故障的原因进行了分析。是非常重要的分析失败的原因，防止再次发生类似故障。

2．计费管理

计费管理（Accounting Management）记录的使用网络资源，以控制和监测网络运营的成本和代价。对一些公共商业网络尤其重要。它可以估计的成本和费用，用户可能需要使用网络资源，以及使用的资源。网络管理员也可以确定最大成本，用户可以使用它来控制过度使用网络资源。这也引发了网络从另一个方面的效率。此外，当用户需要使用资源在多个网络通信的目的，计费管理应该能够计算的总成本。

3．配置管理

配置管理同样重要。它初始化和配置网络提供网络服务。配置管理是一组相关功能的必要识别、定义、控制和监控对象组成通信网络以实现特定的功能或优化网络性能。

（1）配置信息的自动获取。在大型网络中，有许多需要管理的设备。如果每个设备的配置信息是完全依赖于管理员的手工输入，工作量是相当大的，也有错误的可能性。对于那些不熟悉网络的结构，甚至不能完成这工作。因此，一个先进的网络管理系统应自动访问配置信息。即使管理员不熟悉网络结构和配置，他也能完成配置和管理网络的相关技术手段。

网络设备的配置信息可以根据采集方法分为三类：第一类是配置信息中定义MIB的网络管理协议标准（包括SNMP和生产商）；第二种类型的配置信息并不是网络管理协议中定义的标准，而是更重要的操作设备。第三类是管理辅助信息。

（2）自动配置、自动备份及相关技术。配置信息自动访问功能相当于"读"信息从网络设备、网络管理应用程序中有很多"写"信息的需求。网络配置信息也分类根据设置方式：第一种是可以设置的配置信息的方法中定义的标准网络管理协议（SNMP设置服务等）；第二种类型是信息，可以通过自动登录到设备配置。第三类是行政配置需要修改的信息。

（3）配置一致性检查。在大型网络中，由于网络设备的数量和行政的原因，很可能这些设备不是由相同的配置管理员。因此，需要一致性检验整个网络的配置。在网络的配置，配置路由器的端口和路由信息对网络的正常运行影响最大的主要是路由器的配置端口和路由信息。因此，这两种类型的信息应该检查的一致性。

（4）用户操作记录功能。配置系统安全的核心是整个网络管理系统的安全性。在配置管理、用户操作需要记录并保存。管理员可以在任何时候查看具体配置操作由一个特定用户在特定时间。

4. 性能管理

绩效管理主要关注系统性能等性能的系统资源和通信效率。其功能包括监测和分析性能管理网络机制，它提供的服务。性能分析的结果可能会触发一个诊断测试过程或重新配置网络维护网络性能。绩效管理收集并分析数据的当前状态管理网络并维护和分析性能日志，通常如下。

（1）性能监控：用户定义了管理对象及其属性。管理对象的类型包括行和路由器。

管理对象的属性包括交通、延迟、丢包率、CPU利用率、温度、和记忆。对于每一个管理对象，定期收集性能数据，自动生成性能报告。

（2）阈值控制：可以控制的每个对象的每个属性设置阈值，具体对象的特定属性的控制，可以设置不同的时间段和性能指标的阈值。阈值检测和报警可以通过设置阈值来控制开关，检查和相应的阈值管理和溢出预警机制可以提供。

（3）性能分析：分析、统计和整理历史数据，计算性能指标、性能的判断，为网络规划提供参考。

（4）可视化的性能报告：扫描和处理数据，生成性能趋势曲线，以反映性能分析的结果与直观的图形。

（5）实时性能监控：提供一系列的实时数据采集。

分析和可视化工具实时检测的流量、负载、包丢失、温度、内存、延迟和其他网络设备和电路性能指标，数据收集时间间隔可以任意设置。

（6）网络对象性能查询：可以通过列表或关键字检索管理网络对象及其属性性能记录。

5. 安全管理

安全一直是网络的薄弱环节之一，网络安全性和用户有很高的要求，所以网络安全管理是非常重要的。有几种主要的安全问题在网络：网络数据的隐私保护网络数据被非法入侵者获得的），身份验证（防止入侵者发送错误的信息在网络上），和访问控制（控制对网络资源的访问）。

相应地，网络安全管理应包括授权、访问控制、加密和加密密钥管理，并对安全日志进行维护和检查，包括网络管理过程、网络管理和控制信息的存储和传输对网络的运行和管理非常重要，一旦泄露、篡改或伪造，对网络造成灾难性的破坏。

（二）网络管理软件

1．网络管理软件的分类

常用的网络管理软件可分为两类，主要根据管理对象划分，即一般网络管理软件（NMS）和网元（设备）管理软件（EMS）两类，网元管理软件只管理单个网元（网络设备），一般网络管理软件的管理目标是网络。

工作要素管理软件一般由原厂家提供，各厂家采用专有的管理MIB库实现设备本身的详细管理，包括可显示设备图形的面板，如Annette的at-view Plus、思科的思科View、华为网络的Quidview。

网络管理软件主要用于掌握整个网络的状态，作为底层网络管理平台服务于上层管理软件中的网元等，可以提供第三方网络管理平台，支持所有SNMP的发现和监控设备，可以集成制造商的私人图书馆的设备，可以实现整个网络（供应商）更多的设备识别和系统管理，避免厂商的特殊的网络管理软件不能实现整个网络设备的统一管理，用户更倾向于采用网络工作站安装管分别不同的系统管理，分别是有助于简化管理和降低成本。有惠普Open View惠普，Unicenter的CA，来自IBM的Tivoli网络检视软件等。

本文主要介绍通过网络管理系统有效的网络管理。

2．网络管理系统的主要功能

网络管理系统开发人员对不同的管理内容开发相应的管理软件，形成了一个数量的网络管理方面。目前，主要开发方面：网络管理系统（NMS），应用程序性能管理（APM），应用程序性能管理、桌面管理（DMI）、员工行为管理（像），安全管理。当然，传统的网络管理模型的资产管理、故障管理的管理仍然是一个热门话题。

（1）网管系统（NMS）。网络管理系统主要是为网络设备监控、配置和故障诊断，主要功能是自动拓扑发现，远程配置，性能参数监测、故障诊断。网络管理系统主要是由两种类型的公司。另一个是各种设备制造商。

NMS通用软件供应商开发的系统是一个通用的网络管理系统对网络设备的制造商。最近，Open View、Micromuse和Concord都很受欢迎。

每个设备制造商为自己的产品设计的专用NMS系统具有非常全面的监控和配置功能，可以监控一般网管系统无法监控的一些重要性能指标，还具有一些独特的配置功能。但是基本上没有什么你可以做设备由其他公司。目前设备制造商思科网络管理软件更受欢迎作品2000年Net Sight，国内Linkmanage，iManager。

（2）应用性能管理（APM）。应用程序性能管理是网络管理的一个相对较新的方向，主要指的是监测和优化企业的关键业务应用程序，提高企业应用程序的可靠性和质量，确保为用户提供良好的服务，减少总拥有成本（TCO）。一个企业具有较强的业务关键型应用程序的性能可以提高竞争力和实现业务的成功。因此，加强应用程序性能管理（APM）可以产生巨大的商业利益。应用性能管理的主要功能如下。

监控企业关键应用程序的性能：在过去，企业IT部门通常集中在测量硬件组件的利用率，最终用户，如CPU利用率和网络传输的字节数，在测量系统的性能。虽然这种方法提供了一些有价值的信息，它忽略了最重要的因素——最终用户响应时间。交易过程监测、模拟和其他工具现在可以用于真正衡量用户响应时间，以及报告谁在使用一个应用程序中，经常使用的应用程序，用户执行的事务处理是否成功完成。

快速定位应用系统性能故障：通过应用程序的各种组件的监控系统（数据库、中间件），快速定位系统故障，如Oracle数据库死锁的发生和其他问题。

优化系统性能：准确分析系统各组成部分所占用的系统资源、中间件和数据库执行效率，并根据应用系统的性能要求提出专家建议，确保应用在整个生命周期中能够使用最少的系统资源，节约TCO。

目前，在市场上更受欢迎的应用程序性能管理产品包括BMC，Tivoli应用程序性能管理、真理（精确的）i3系列产品，探索系列产品和黄玉。国内产品主要网站查看产品。

（3）桌面管理系统（DMI）。桌面管理环境是由终端用户的计算机，运行

WindowS，MaC和其他系统。桌面管理是计算机及其组件的管理，内容较多，主要集中在资产管理、软件交付和远程控制。桌面管理系统通过以上功能，一方面减少网络管理人员劳动强度；另一方面，它增加了系统维护的准确性和及时性。这样一个系统通常被分为两个部分：管理端和客户端。

目前，CA Unicenter 和 Landesk 桌面管理系统在国外很受欢迎，和NetlnhandLANDesk管理套件7是一个流行的桌面管理系统在中国。

（4）员工行为管理（EAM）。员工行为管理包括两部分，一部分是员工网络行为管理（EIM）；另一部分是员工桌面行为监测。通常在互联网应用程序层，网络层的信息控制，数据根据EIM数据库过滤；定制互联网接入策略为用户设置不同的互联网接入策略，组织、部门、工作站、网络。专门报告工具包括Websense EIM报告工具，等等。

（5）安全管理。网络安全管理是指保护合法用户对资源的访问安全，预防和消除黑客蓄意攻击和伤害。它包括授权设施、访问控制、加密和密钥管理、身份验证和安全日志。有许多防火墙和IDS产品市场，包括检查、Net Screem，思科照片等等。从Axent IDS Real Secure从空间站，ITA，ESM从ESM，Cyber CopMonitor从奈等。

二、网络设备管理的主要协议

网络是由路由器、交换机、服务器等。它可以很难确保所有设备正常工作在最佳状态。因为这些设备通常是远离你。他们不叫你当应用程序问题发生时，您的用户一样。为了解决这个问题，设备制造商建立了设备的网络管理功能，使网络管理员可以远程控制这些网络设备和查询他们的地位。

（一）SNMP

简单网络管理协议（SNMP）是最早的网络管理协议。它被广泛支持的网络设备制造商，包括IBM、HP、Sun和其他大型制造商。目前，SNMP已经成为事实上的行业标准在网络管理领域，并广泛支持和应用。大多数基于SNMP网络管理系统和平台。

简单网络管理协议（SNMP）是架构上分为三个部分：设备管理、SNMP管理器和SNMP代理。设备管理网络中的一个节点，有时被称为网络元素。托管设备可以是路由器、网络管理服务器、交换机、网桥、集线器等。有一个SNMP代理运行在每个支持SNMP的网络设备。它负责收集和存储管理信息在任何时间和记录各种情况下的网络设备。然后网络管理软件查询或修改记录的信息，通过SNMP代理通信协议。

SNMP代理是一个网络管理软件模块，它驻留在管理设备。它收集本地计算机的管理信息，并把它转换成一种形式与SNMP兼容。

SNMP管理器使用通过SNMP网络管理软件来管理。网络管理软件的主要功能之一是协助网络管理员来完成整个网络的管理。工作管理软件要求SNMP代理定期收集重要的设备信息。收集到的信息将被用来确定是否独立的网络设备，网络的一部分或整个网络正常运行。SNMP manager定期查询SNMP代理收集的信息对设备操作、配置、性能等。

SNMP使用针对陷阱的轮询来进行网络设备管理。一般来说，网络管理工作站的轮询代理收集信息管理设备和显示信息在数字或图形表示的控制台，提供分析和管理功能的网络设备的工作状态和网络流量。托管设备出现异常状态时，管理代理发送错误立即通知网络管理工作站通过SNMP陷阱。当一个网络设备生成一个陷阱，网络管理员可以使用网络管理工作站查询设备状态的更多信息。

管理信息数据库（MIB）是一种信息存储库由SNMP代理。层次特色的信息集合，可以由网络管理系统控制。MIB定义了不同的数据对象，如图5-1所示。网络管理员可以控制、配置或监控网络设备直接控制这些数据对象。

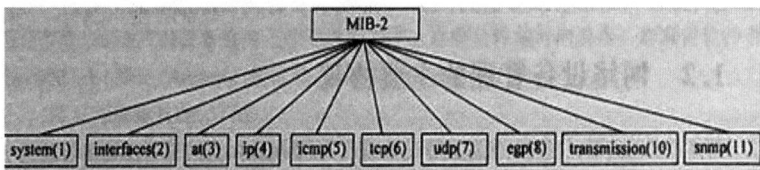

图5-1 MIB数据类型

通过SNMP代理控制SNMP MIB数据对象。无论有多少MIB数据对象，SNMP代理需要保持一致性，这也是代理的任务之一。有几个通用的标准管理信息数据库已定义，包括特殊的对象，网络设备必须支持，所以这些mib可以支持简单网络管理协议（SNMP）。使用最广泛和最多才多艺的MIB mib-2e。此外，一些其他类型的mib已经开发利用不同的网络组件和技术。

（二）RMON

远程监控网络（RMON），管理信息库（MIB）由IETF（互联网工程任务组）定义的，是最重要的增强mib-2标准。RMON主要用于监测数据流量在一个网段，甚至整个网络。它是使用最广泛的网络管理标准。

1. 管理信息库

管理信息库（MIB）是管理对象的信息收集（Roy ter、桥、开关、集线器、网络服务器，等等）。标准信息管理库mib-2（RFC1213）和每个厂商的私有MIB库主要提供关于设备的数据，如设备端口状态、交通、错误数据包，等等。网络管理员只能获得部分个人信息从这些设备管理数据库。很难获得一个子网的信息段。然而，在越来越大的网络环境中，人们需要监控网段的性能。因此，它不再是足够的管理大型互联网通过使用标准MIB获得设备的管理信息。RMON需要解决SNMP的局限性日益扩大的分布式互连。

RMON包括NMS（网络管理站）和代理运行在每个网络设备，网络监控器或网络检测器、RMON代理跟踪并统计通过其端口连接的网段上的各种流量信息（例如在某一时间段内某个网段上的分组总数、或发送到某一主机的正确分组总数等）。

RMON的实现是完全基于SNMP的体系结构，这是兼容现有的SNMP框架和不需要任何修改协议。RMON启用SNMP监控远程网络设备更有效和积极，并提供一个有效监控子网的操作方式。RMON使简单和高效管理的大型互联网通过减少NMS和代理之间的交通。

RMON允许多个显示器，它可以通过两种方式收集数据：

第一个方法是收集数据和专用RMON探测器，NMS的可以直接获得管理信息和控制网络资源。这样你可以得到RMON MIB的所有信息。

第二种方法是直接RMON代理植入网络设备（路由器、交换机、集线器等。），使它们成为网络设施和RMON探测功能。RMON NMS使用SNMP的基本命令与SNMP代理和交换数据信息收集网络管理信息。然而，由于设备资源的限制，通常无法获得RMON MIB的所有数据，和大多数人只有收集信息的4组。四组的警报、事件、历史和统计。

以太网交换机实现RMON的第二种方式。RMON代理直接植入以太网交换机成为网络设施和RMON探测功能。通过运行SNMP代理支持RMON以太网交换机，网络管理工作站可以获得整体交通、错误统计，性能统计数据和其他信息在网段与以太网交换机端口，从而实现网络管。

2．几个常用的RMON组

（1）事件组。事件组用于定义事件数量和如何处理事件。定义的事件组主要用于生成的事件报警触发报警组的配置项和扩展马勒集团的配置项。

事件可以通过以下方式处理：事件记录在日志表；陷阱消息发送给网络管理工作站；事件记录在日志表和陷阱消息被发送到网络管理。什么都不做了。

（2）告警组。RMON报警管理监控指定报警变量（如港口统计），产生一个报警事件时监测数据跨越定义的阈值的值在适当的方向，然后处理相应的事件。一个事件的定义是在事件组中实现。

用户定义报警表项，系统对报警表项进行如下处理：根据定义的采样间隔对报警变量进行采样；样本值与设定的阈值，一旦超过阈值，触发相应的事件。

（3）扩展告警。延伸报警表条目可以执行操作报警变量的样本值，然后比较结果的操作与设定的阈值，从而实现更丰富的报警功能。

用户定义了扩展报警表项后，系统进程扩展报警表项如下：警报变量定义扩展报警公式是根据定义的时间间隔采样；样本值是根据定义计算公式计算。计算结果与设置的阈值进行比较。一旦超过阈值，触发相应的事件。

（4）历史组。RMON历史组配置，以太网交换机定期收集网络统计数据，这是暂时存储用于处理提供历史数据等数据段交通，错误的数据包，广播数据包，带宽利用率，等等。

历史数据管理功能，可以设置设备。任务设置包括收集历史数据，定期收集和保存数据指定端口。

（5）统计组。每个监测的统计组信息反映了统计接口在设备上。统计组计数时间统计数据以来的累计信息集团成立。统计数据包括网络碰撞，CRC错误消息的数量，数据消息的数量太小或太大，广播和多播消息的数量，和收到的字节数，接收到的消息的数量，等等。RMON统计管理功能，您可以监视端口的使用和计算错误发生在港口的使用。

目前，大多数只支持RMON代理四组统计、历史、报警和事件，如Cisc0、3 com，华为的路由器或交换机已经意识到这些函数，其他几组，华为Qiudway系列路由器和局域网交换机还将支持。另外，华为Qiudway系列路由器增强了RMON报警组的功能，不仅支持网管站对代理记录的任何计数和整数类对象设置采样间隔和报警阈值，还允许网管站根据需要设置表达式形式的多个变量的组合。

（三）SMON

在早期，网络一般在共享工作模式，和RMON技术利用共享的网络管理。近年来，随着交换网络的广泛使用基于开关设备、RMON技术的缺陷逐渐暴露。因此开关监测Netw0rk 9日（SMON）技术标准对RMON的基础上，介绍了开关，随后采用IETF RFC 2 613和详细的文档。RMON的基础，SMON SNMP，他们两人适应管理需求的不断发展的网络技术通过MIB的扩展功能。RMON启用SNMP适应共享网络管理的需求，尽管SMON提供技术支持的管理广泛使用的交换网络。

从实现的角度原理、RMON和SMON SNMP功能的扩展和改进，这是特别意识到通过扩展MIB的结构和功能。SMON MIB提供了一个数据结构，列出了交换的数据源和数据源的性能，也增加了不适合在现有的RMON计数表中存放的数据统计能力，SMON MIB组收集物理实体（实体交换机或交换模块）和逻辑实体（VLAN）的流量统计和流量信息的优先级不同。

在RMON iftable MIB的数据源是一个实体表。实现SMON之间的兼容性和RMON的解决方案，每一个新的SMON数据源映射到一个iftable实体，这些实体的类型设置为虚拟。此外，端口复制操作可以定义并激活使用一个特殊的控制表。表中的每一行定义了一个活跃的端口复制操作，包括源端口复制，目的港，需要执行的操作类型（如带内交通复制、带外交通复制，或两者）。行政管理的过程站可以找到数据源的端口复制能力通过轮询性能表的数据源。

通过采用这种机制、多端口复制技术出现了，同时从多个数据源港口交通信息复制到目的港，或所有流量在一个或多个vlan复制到指定的连接端口。带内流和带外流两种工作模式之间的管理车站和SMON模块。其中，带内交通模式意味着管理车站直接连接到一个开关的端口，SMON模块之间的连接是通过港口实现。带外的交通管理车站直接连接到SMON模块实现SMON的直接监测的目的。

交换技术的不断成熟和完善，三层交换技术已经出现，三层交换机已得到广泛应用。三层交换也被称为多层交换技术或IP交换技术，它是相对传统的切换的概念。简单地说，三层交换技术就是：二层交换技术+三层转发技术。传统交换技术运营的第二层（数据链路层）OSI参考模型，在三层交换技术实现高速转发的数据包（包）在第三层（网络层）的OSI参考模型。三层交换技术解决了情况，不同网段之间的通信必须依靠路由器管理在LAN网段的分区后，和解决网络瓶颈造成的低速度和传统路由器的复杂性。

三层应用程序的开关，IETF提出SMON II标准，可实现监控第三层和更高层次的交流环境。SMON II不仅可以独立计算主机的IP包流量，但也在其他子网IP主机的流量。此外，SMON II可以监控每个应用程序的通信协议。第一个多层交换机采用SMON II标准是法人后裔M770 m-mls从朗讯（后来更名为亚美亚）。目前，SMON II标准是采用主流的三层交换机。

RMON的监测内容，SMON相似。RMON II是类似于SMON II，它支持性能监控的网络层及以上（主要是在应用程序层）。例如，在一个企业的退出网络，在出口处的流量已知的局域网可以通过监测网络层流量的端口连接到互联网。同时，还可以针对应用层的HTTP、SMTP、FTP和其他交通监测，了解每个协议应用程序所使用的流量。

如果标准RMON II检测器无区别地监视网段上的所有流量，则SM（ ）nii可以基于交换机的路由状态表来记录数据信息，所述交换机的路由状态表可以被视为单个数据源。这样，SMON II可以实现特定协议和vlan的分类统计。更具体地说，在SMON二世的网络管理环境中，网络管理员可以执行以下任务：

（1）根据管理需求，管理员可以定义要监控的OSI模型的级别和应用层的协议类型。

（2）进行实时统计和分析交通占用不同的协议在整个开关。

（3）监控流量IP和IPX子网连接到开关，所以smon II不仅可以监视IP流量的细节，但也监控IPX等非IP流量的大小。

（4）监控主机之间的通信流量（在同一个网段或在不同的网段）。

三、Windows 操作系统的用户和桌面管理技术

网络已经从一个松散集成互联设备的一个复杂的生态系统的相互依赖的资源。出于这个原因，网络操作系统要提供的服务远远超过简单的网络文件和打印服务，但应提供的工具管理分布式网络资源进一步透明。

（一）活动目录

Acti Ve Directory（广告），操作系统引入的一个重要组成部分，因为Windows 2000。广告可以被认为是一个大层次数据库集中存储各种企业中重要的资源，如用户账号、计算机、打印机、应用程序、安全性和系统原则。广告允许网络用户在网络的任何地方访问许可资源与一个单一的登录。

活动目录是内置的Windows目录服务，这是基本结构模型和网络系统的核心支柱。提供了一个统一的视图的用户无论用户正在访问或信息的位置。它也是一个企业级目录服务，良好的可扩展性。active directory是基于轻型目录访问协议（LDAP），支持x中定义的目录结构，并且是可复制、分区和分布式的。

1. 逻辑结构

逻辑结构是指非物质，非现实的东西，它是一个抽象的东西，比如"关系"，"空间、范围"等等。它的逻辑结构非常灵活，active directory是一个目录树、域、域树森林等，这些名称实际上并不是一种实体，只是表示一个关系、一个范围，比如一个目录树是由相同的名称空间目录组成的，而域是由不同的目录树组成的，相同的域树是由不同的域组成的，域是由多个域树组成的。他们是一个完整的树状，层次视图中，我们可以看到作为一个动态的关系。逻辑结构也直接关系到名称空间前面所讨论的，它提供了极大地方便用户和管理员查找和定位对象在一个特定的名称空间。

（1）域的逻辑组织单元Windows网络系统和容器对象（如计算机、用户等），有相同的安全需求，复制过程和管理。所有域控制器在一个Windows域是相等的，域名是安全边界，域管理员只能管理内部域，除非其他域显式地给他管理权限，他可以访问其他域或管理。

每个域都有自己的安全策略和安全信任与其他领域的关系。有一个特定的域之间的信任关系，让用户在一个域来验证域控制器在另一个域，这样用户在一个域可以在另一个域访问资源。只有两个域的信任关系：信任关系域和信任域之间的关系。信任关系是域信任域B，那么用户在域B可以访问资源域身份验证通过域的域控制器后，然后域和域B之间的关系是信任关系。

信任关系是信任域的关系。在上面的例子中，域B的信任域和域B和域之间的关系是信任的关系。的信任和信任可以单向或双向的关系，也就是说，域之间的信任关系和域B可以单边或双边。

当多个域加入到信任，所有域共享一个公共表结构（模式），配置和全局编录域树。域树包含多个域，共享相同的表结构和配置，形成一个连续的名称空间。域树中的连接的信任关系。活动目录包含一个或多个域树。

域森林是一个或多个域树不形成一个连续的名称空间。所有域树在森林一个域共享相同的表结构，配置，和全球目录。所有域树通过Kerberos域森林建立信任关系，所以每个域树知道Kerims信任关系，和不同的域树可以交叉引用对象在其他域树。

（2）组织单元（OU）是一个容器对象，也是活动目录的逻辑结构的一部分，它有助于简化管理通过组织中的对象域分成若干个逻辑组。OU可以包含各种各样的对象，如用户账户，用户组，电脑，打印机，甚至其他OU的，所以我们可以使用或形成一个完全的逻辑层次结构中的对象域。对于一个企业，所有用户和设备可以分为OU层次结构部门，由地理层次结构，多个OU层次结构的功能和权威。

显然，组织单位通过包含有一个清晰的层次结构的组织单位，使经理将组织单位为域来反映企业的组织结构和授权和委托的任务。构建一个包含结构的组织模型可以帮助我们解决很多问题，同时仍然使用一个大的域，其中域树中的每个对象都可以显示在全局目录中，这样用户就可以很容易地找到一个具有服务能力的对象，而不管它在域树中的位置如何。

因为OU层次结构是局限在一个领域，OU层次结构在一个域无关的层次结构，在另一个领域。有可能一个企业构建企业网络只有一个域。此时，我们可以使用OU组对象，形成多个管理层次结构，从而大大简化了网络管理。不同的部门在一个组织可以成为不同的领域，或一个组织单元。因此采用一种分层命名法来反映组织结构和执行管理授权。粒状管理授权管理的组织结构可以解决很多麻烦，同时加强中央管理不失灵活性。

2. 物理结构

在Microsoft active directory，物理和逻辑结构是不同的，它们是两个不同的概念。的逻辑结构侧重于管理网络资源，而物理结构侧重于网络的配置和优化。物理结构的活动目录（active directory）关注的是复制信息，当用户登录到网络性能优化。物理结构的两个重要的概念是网站和域控制器。

（1）一个网站是由一个或多个IP子网通过高速网络连接设备。经常由企业决定地理位置的分布，可以根据站点结构配置的主动目录访问和复制拓扑关系，这样可以使网络连接更有效，可以使复制策略更合理，用户登录更快捷，在主动目录站点和域是两个完全独立的概念，一个站点可以有多个域，多个站点也可以位于同一域。

Active directory站点和服务可以提高大多数配置的效率利用网站目录服务。信息网络的物理结构可以通过发布网站提供活动目录（active directory）使用网站和服务，决定如何复制目录信息和流程请求服务。计算机网站基于它的位置在一个子网或指定一组连接的子网。子网提供表示网络组的一个简单的方法，类似于我们共同的分组地址的邮政编码。网络格式成易于发送的信息在网络上连接到目录的物理形式，把计算机放在一个或多个连接的子网中充分体现了站点所有计算机必须连接好的标准，原因是计算机在同一子网上连接往往优于在网络上自由选择计算机。

（2）域控制器是一个服务器运行Windows Server版本保存活动目录信息。域控制器管理目录的变化信息并将这些更改复制到其他域控制器在同一个域，每个域控制器的目录信息同步。域控制器还负责用户的登录过程和其他与领域相关的操作，如识别、目录信息查询等。域可以有多个域控制器。较小的域可能只需要两个域控制器，一个为实际使用；另一种是容错检查。大域可以使用多个域控制器。

（二）组策略

组策略是主要的工具，管理员用来定义和控制程序，网络资源，为用户和计算机和操作系统的行为。各种软件、计算机和用户策略可以设置通过使用组策略。组策略的集合系统变更和配置管理工具在Windows。注册表是将系统软件和应用软件配置保存在Windows系统中的数据库，组策略将系统的重要配置功能汇集到各种配置模块中，供用户直接使用，以达到方便计算机管理的目的。

组策略设置数据是存储在数据库的广告，所以你必须在域控制器上设置组策略。政策只能管理计算机和用户组。这意味着一个组策略不能管理其他对象（如打印机、共享文件夹，等等）。集团政策不能应用于团体，但只有网站，域名，或组织单位（SDOU）。政策不影响计算机和用户组没有一个域的一部分，应该使用本地安全策略管理。

1．组策略的设置数据

组策略设置数据存储在组策略对象（GPO），它具有以下特点：

（1）GPO可以修改ACL使用ACL记录个人GPO的权限设置，指定谁有什么特权GPO。

（2）用户只要有足够的权限，他可以添加或删除GPO，但他不能复制GPO。当广告领域第一次设置，只有一个gpo-default默认域策略。可以使用此GPO管理域中的计算机和用户。建立集团政策，适用于组织单元、GPO通常是单独创建的，以方便管理。

（3）GPO本身保存设置组策略的价值。有必要进一步指定哪个SDOU GPO连接的应用程序对象的组策略生效。连接GPO和SDOU之间的关系如图6-2所示，可以一对一，一对多或多对一。

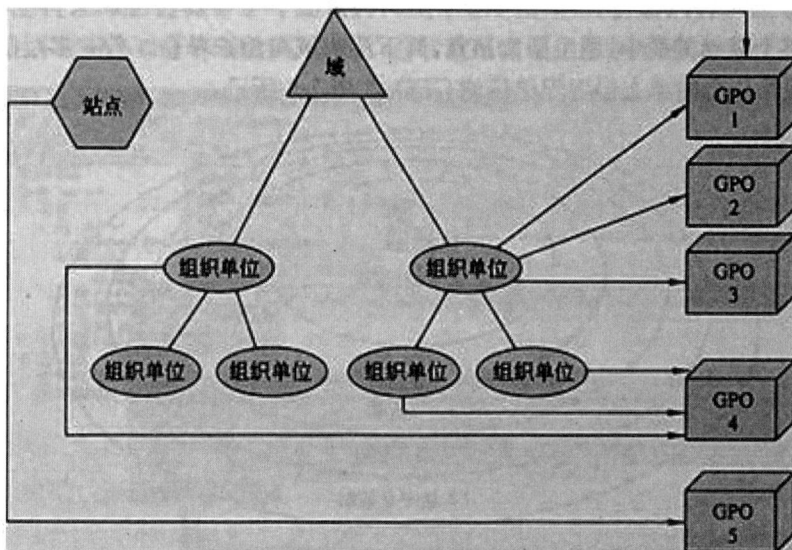

图6-2 GPO与SDOU间的连接关系

2．GPO的两大类策略

（1）计算机设置：包含所有与计算机相关的政策只适用于计算机账户。

（2）用户设置：包括所有相关的政策只适用于用户账户，比如组策略应用机制。

3．组策略的应用机制

两项特性：继承与累加。

策略继承：AD结构，如果X容器下面有一个Y容器，那么Y容器就是所谓的"子容器"，X和Y容器之间存在着战略关系。默认情况下，子容器从上一个容器继承GPO。在整个继承关系，该网站最上面的一层，底层是域和组织单元。如果有多个组织单元，较低的组织单元的GPO继承上组织单元，如图6-3所示。

图6-3 组策略的继承关系

策略累加：积累政策机制密切相关的应用顺序组织的政策。子容器首先应用从上一个容器继承的组策略，然后应用它自己的组策略。当上层的设置项目不同于较低的层的设置项，可以添加组策略的影响。然而，如果设置为同一项目不同，政策应用第一政策应用后将被重写。不过，我们可以人为的干扰默认继承规则根据实际应用需求，可以预防或执行继承。

阻止继承：在组策略管理控制台，单击右键，选择是否继承前容器的容器组策略，并选择防止继承。

强制继承：在实际应用中，有时需要父容器的配置组策略应用到子容器和不受容器策略在发生冲突。

四、基于局域网的网络监控软件

随着计算机网络技术的普及，网络中发挥着越来越重要的作用在信息收集、加工和处理。然而，如何监管网络用户的行为，确保信息网络的安全是一个迫切需要解决的问题。

（一）网络监控软件概述

网络监控软件是一个指针来监视和控制计算机局域网；内部计算机在互联网上和内部行为和资产和其他进程管理。局域网的有效范围监控局域网的点是点和不穿过路由的半径范围。因为局域网监控需要捕获数据包的第二层（MAC层帧）ISO模型解析网络传输数据包协议并确认监控对象的需求，它不能被捕获后经过的路线。因此，我们可以简单地理解，互联网用户不能互相监视，但只监视自己的计算机范围内的单位。

局域网监控软件（网络行为管理、网络行为审计，内容监控、网络行为控制）应包括以下基本功能：监控、记录和控制互联网其他计算机通过局域网中的任何一台电脑的行为；实现在线监控、Web浏览监控、电子邮件监控、Webmail发送聊天监控、监控、BT ban TDD、流监控，具有分离流带宽限制、并发连接数限制、FTP命令监控、FTP内容监控控制、Telnet、FTP行为审计命令监控、网络行为、运营商、软网关功能、端口映射和PPPOE拨号支持，通过Web方式发送文件进行监控，通过即时通讯聊天工具发送文件监控和控制，等等。

它是用来监视和控制的整个过程管理网络中的所有用户。可以检测、拦截、收集、禁止和管理整个互联网资源，规范网络的有效和合法的使用。防止重要材料和机密文件的披露；监督检查使用互联网；粘贴重要网络资源文件；限制电子邮件、网站、聊天、游戏、股票、下载、交通、自定义web应用程序，并可以作为软网关。

局域网监控软件（内部网行为管理、屏幕监控，软件和硬件资产管理、数据安全）应包括以下基本功能：用于监控所有的操作计算机启动后，能够管理和控制局域网计算机的整个过程；端口网络视频监控、屏幕，如软硬件资产管理、驱动器和USB硬件库、应用软件库、打印、监控、ARP防火墙、出版物、日志、告警、远程文件备份等自动功能，禁止修改本地连接属性，禁止聊天工具传输文件，禁止修改本地连接属性，通过网页文件监控、远程文件资源管理发送，支持远程关机注销等；一般来说，内联网监控需要工作站软件安装在监控计算机。

（二）外网监控中使用的主要技术

1. 数据侦听技术

（1）网关模式：原则是使用这台机器的网关其他计算机（监控计算机的默认

网关设置为指向这台机器），可作为单网卡模式，双网卡模式甚至多网卡模式，分别。取消原来的代理模式后，没有人使用它了。这有点像路由器的工作方式；强大的控制，由于存储和转发的方式，一些性能损失；效率高；缺陷是打破了网关和网络崩溃了。

（2）网桥模式：两个网卡的原则是使一个透明的桥，桥是在第二层，所以它可以被简单地理解，这座桥是一个网络电缆，所以性能是最好的，几乎没有损失；Win Pcap本身并不支持这种模式；s模式可以说是最理想的，即使网桥断了，只要做一个简单的跳线就可以了，因为网桥是透明的，可以看作是网线，网桥断了就可以理解为网线断了，只要换一个就可以了；支持多VLAN、无线、VPN、多出口几乎所有的网络条件。

（3）旁路模式：原则是使用ARP技术建立虚拟网关，它只能适用于小型网络，并在环境中不可能有有限的旁路模式；路由或防火墙限制或监视计算机安装ARP防火墙将导致绕过成功；但这是最简单的方法部署和最简单的安装。

（4）旁听模式：原则是绕过监控，通过镜子的功能开关。在这种模式下，共享集线器或开关应采用形象；但如果使用旧的共享中心将影响网络退出性能；如果采用镜像模式，一方面，投资需要支持双向镜开关设备；另一方面，你需要一个专业人士来安装镜子开关。这种模式的优点是，它很容易和灵活的部署。只要镜子把交换机上的端口配置，现有的网络结构不需要改变。和旁路监控设备停止工作后，它不会影响网络的正常运行。缺点是审计模式只能通过发送RST包断开TCP连接，无法控制UDP通信。如果UDP通信的软件是被禁止的，它需要进行相关设置路由器合作。

2．Windows平台上获取数据包技术

数据包采集技术在Windows平台主要包括核心层司机和网络层的司机。

（1）核心层司机密切结合的核心Windows操作系统，效率高和最佳性能；因为网络防火墙运行在网络的上层（也就是说，在上面的防火墙核心层驱动操作），所以核心层驱动器将不会受到网络防火墙；更强大，更好的性能；如Kercap司机标准接口，网络警Nat服务内核驱动程序。

capkernel catch引擎是国内自主研发的具有世界领先水平的Windows内核驱动程序，Kercap内核catch引擎采用IMD技术在稳定性、兼容性和安全性方面比其他方式技术具有很大的优势，比传统Win Pcap内核程序快十倍，可以支持更多的网络catch。

在中国网络警Nat服务是独立开发的，是世界上最先进的Windows平台网络内核驱动引擎。在实际的批量规模超过10年了。这种技术采用底层内核的NDIS驱动程序技术的网络数据链路层，类似于卡巴斯基内核技术直接嵌入在Windows内核驱动程序，所以它可以绕过防火墙的干扰，和超过100倍的网络层驱动程序。更强大的性能，更好的兼容性和稳定性，更强大的功能，更好的性能；它可以支持同时监测成千上万的电脑。

（2）网络层驱动，虽然容易控制管理但性能与核心层的司机没有可比性；并且受到防火墙的限制和干扰；一个例子就是Win Pcap驱动程序接口。

数据包捕获是一个免费的公共网络访问Windows系统。Win Pcap提供Windows 32位应用程序能够访问底层网络。

它提供了以下的各项功能：

① 捕获原始数据包，这包括数据包的发送/接收和主机之间交换网络。

② 在数据包发往应用程序之前，根据自定义规则特殊数据包过滤掉。

③ 在网络上发送原始的数据包。

④ 收集网络通信过程中的统计信息。

Win Pcap由三个模块构成：

①NPF（Net group Packet Filter）即网络组包过滤器：直接与网卡驱动程序获取原始数据在网络上传输的数据包。它也可以发送和存储网络上的数据包并执行统计分析。

②Packet.dll动态链接库：它提供了一个Windows 32平台的通用接口。不同版本的Windows操作系统都有自己的内核模块和用户层模块、包。DLL是用来解决这些差异。调用的程序包。DLL可以在不同版本的Windows平台上运行，无需重新编译。

③Wpcap.dll高级动态链接库：这个动态链接库比包更先进。Dll，它调用独立于操作系统，它与应用程序一起编译，使用提供的服务包。Dll，为应用程序提供了一个完整的接口函数，提供更高层次和更抽象的函数。

Win Pcap目前免费的接口程序，支持100通信。然而，缺点也是显而易见的。穷人可控性导致许多功能没有实现。它只能在倾听模式下工作，但不能在网关模式下运行，导致固有的弱点在交通限制，英国电信限制和UDP阻塞。此外，

Win Pcap版本之间的不兼容性可能导致无监视的，未被承认的千兆网卡或无法读取网卡列表。

3．业务识别技术

（1）普通报文分析。常"包检测"只有分析的内容包的第二到第四层，包括源地址、目的地址、源端口、目的端口，协议类型。公共消息检测是确定应用程序类型通过端口号。如果应用程序端口号是80，被认为代表了常见的网络应用程序。

（2）基于"特征字"的识别技术。不同的应用程序通常取决于不同的协议，每个协议都有自己的特殊的指纹，这可能是一个特定的端口，一个特定的字符串，或特定比例的序列。基于"功能词的识别技术"决定了应用程序由交通流检测中的"指纹"信息具体的交通流中的数据信息。

根据不同的检测方法，基于"功能词的识别技术可以分为三种类型：固定位置特征字匹配变量位置特征匹配和特征匹配状态。

通过升级"指纹"的信息，基于特征识别技术可以很容易地扩大其功能，实现检测的新协议。

例如，在识别bt协议，对等协议是通过逆向工程分析。所谓的对等协议是指协议同行之间交换信息。点对点协议握手开始，后跟一个圆形的消息流，每个之前一个数字表示消息的长度。在握手时，发送第一个消息19，然后是字符串Bit Torrent协议。

（3）应用层网关识别技术。一些企业的控制流是独立于业务流程，没有特点。在这种情况下，我们需要采用应用层网关识别技术。

网关的应用程序层首先需要识别控制流，分析它通过特定的应用程序层网关根据控制流的协议，并确定相应的业务流的协议内容。

对于每一个协议，不同的应用程序层网关需要分析它。

例如，SIP和H323协议属于这一类。SIP／H323协商数据通道，通常在RTP语音流封装格式，通过信号的相互作用。换句话说，只检测一个RTP流没有告诉你哪些协议RTP流是由。只有通过检测SIP/H323协议交互可以得到一个完整的分析。

（4）行为模式识别技术。行为模式识别技术是基于终端已经实施行为的分析来确定用户的持续的或即将到来的行动。行为模式识别技术通常用于识别企业不能根据协议。例如，垃圾（垃圾邮件）业务流程和普通电子邮件业务流程从电子邮件的内容是完全一致的，只有通过对用户行为的分析，可以准确地识别垃圾邮件的业务。

第二节　活动目录管理

一、活动目录中的基础概念

活动目录是一个集中、安全目录存储信息网络资源和服务，使网络用户的信息。网络中的所有资源，包括用户账号文件数据，打印机、服务器、数据库、团体、电脑、和安全策略，可以存储在活跃的目录。

我们也可以认为活动目录的存储库，账户和资源集中管理和安全统一命名、描述、和位置，使用计算机的操作工具。active directory包含其逻辑通过领域空间，组织单位，团体，账户，等等。

（一）域模式下用户与用户组管理

1. 域模式管理原理

微软公司在其网络操作系统中使用域模型来提高管理效率，其核心是将计算机添加到指定的逻辑单元一个域，然后加入计算机来实现统一高效的管理，将整个网络系统域在计算机中、用户、资源的集成，方便管理员和计算机用户的管理和使用。

域模式的管理体制下，整个网络管理实现所有计算机的综合管理和用户加入域通过以下四个过程。

（1）建立域和域管理员。

（2）管理的计算机添加到域。

（3）创建新用户使用域管理员账户。

（4）设置和管理的任何账户域通过任何计算机域。

从上面的步骤和图片中可以看出，当一台计算机要加入域时，是一个域模式的客户端，管理起来，对计算机用户的管理突然变得简单起来，最终所有用户都可以通过任何指定的计算机访问您计算机上的任何文件夹，并运行可执行文件的权限。

2．域模式下的用户设置

电脑成为域控制器时，或者当一个计算机加入域，成为客户在域模式中，每台机器的账户信息更改。

（1）在域控制器，本机账户不再可用。因为它是本地管理员账户可以继续存在域服务器，域控制器的管理和控制是域控制器的管理员。域控制器管理界面。

当域管理员登录到域控制器，一个新的账户管理界面出现在域控制器。选择start-项目管理工具和新功能选项出现活动目录用户和计算机。选择该命令输入域控制器账户的管理界面。

如果您将计算机升级到网络上的 Active Directory 服务器，系统中的administration tools computer management选项将被禁用，并且增加了Active Directory用户和computer选项，而原来的本地用户将迁移到Active Directory用户，域用户将拥有更多属性。

网络中的域模式管理计算机，您需要创建一个域用户账户的人使用电脑。当电脑成为域控制器和一个域加入了电脑成为客户在域模式中，每台计算机的账户信息变更。

一个新的账户管理界面出现在域控制器时，域管理员登录。活动目录用户和计算机的新功能图标出现在你进入管理工具。点击图标进入你的域控制器账户的管理界面。

（2）之前通过客户端，进入域控制器的两个输入选项出现在系统，一个是本地机器入口的选择，另一是域控制器的选择。如果客户端没有输入域环境中，它会选择本地计算机选项，如果进入领域，它将选择域选项。当地行政账户客户仍然对本地计算机的控制。

（3）域模式下的默认账户。

在域控制器，在本地机器的情况下，创建的默认账户系统与特定的功能和权限。

对特殊账户的说明如下：

①Domain Admins（域管理员），域方面管理，最高的特权。

②Administrator（本地（域控制器）管理员），管理域控制器的计算机本身。

③Domain（其他默认账户）

windowsserver2008基于域模式的账户信息异常丰富，域管理员被赋予了巨大的权力，要加入域用户账户信息必须进行管理和维护，并且该账户信息将是域内所有有权访问各部门使用的账户信息的字段，由此可见域模式下的账户管理覆盖了许多用户信息。

3. 域模式下的组概念

windowsserver2008域控制器，是一种非常重要的概念和应用账户正在进入系统id，使用组来简化逻辑结构，统一管理账户，使用组可以有相同的访问要求，相同的管理要求将用户组织放置在一个单一的逻辑单元中，批量管理，方便管理，提高工作效率。

（1）组账号的特点。

①组是个逻辑结构。

②一个账户可以同时加入多个组。

③指定当用户加入组，用户账户的所有权利集团。

（2）Windows Server 2008组的分类。在Windows Server 2008，不同类型的组织建立了由于不同的功能组。有两种类型的组织，即通信组和安全组。

①通信组：组织用户账户，没有安全，用户账户和其他信息可以存储在通信组，可以用于其他相关软件的微软Exchange 2008所示服务器。

②安全组：除了沟通组织的功能，它主要用于设置权限为用户和计算机。这是一个重要的Windows Server 2008的权限管理的一部分。安全组主要包括账户的资源的访问控制对象。

（3）Windows Server 2008组的范围。一组用于管理的范围的范围。域，组根据他们的范围进行分类，有三种类型：全球集团、当地集团和通用的组。

在这些团体中，可以把他们分为四类：预定义，内置、内置的地方，和特别的。

①预定义组：这些团体创建的用户默认文件夹，是全球性的组没有任何继承权。

例如：Domain Admins（域管理员组），自动将该组加入Administrators，具有域的管理权限。Domain Users（域用户组），自动加入本地用户组作为域用户组的一员。

②内置组：在Builtin文件夹中建立的组为内置组。

这些组织是安全的地方组织，提供预定义的用户权利和权限的管理。这些团体设置相应的权限，如果你问用户来执行相应的管理权限，你只是将用户账户添加到相应的组。

Account Operators（用户账户操作员组）：成员可以管理域用户和组账户，但不能修改任何信息管理员组。

Administrators（管理员组）：管理员不受限制的完全访问计算机/域。

Backup Operators（备份操作员组）：用户无法有意无意进行更改。因此，用户可以运行验证应用程序，但不是最老的应用程序。

③内置本地组：备份操作符可以替代安全限制备份或恢复文件。

④特殊组：该组没有特定的用户账户，但可以在不同时候代表不同用户，例如：Everyone（每人组）。

（二）组织单位

网络操作系统日常管理有丰富而复杂的内容，如：系统配置的管理账户的使用电脑，网络环境的管理，管理的桌面设置，安全设置的管理等等。在这样的需求，如果管理员设置每个用户账户，这将是一个天文数字的工作。因此，这些重复的任务应该在一个适当的简化方法。这要求我们分析在企业的经营活动进行的员工。企业的管理往往是按照管理部门进行的，一个员工有相同的工作条件、工作要求、权利要求，这样你就可以把所有员工的要求都放在一个属于管理部门的系统或方法中，当一个员工加入部门时，所有的要求都是按照部门要求执行的。

域的活动目录的模式，提供了一个重要的概念对应于它，这是你。你是一个非常重要的组件，起着重要的作用在资源组织和管理。它可以统一管理的对象为一个逻辑组织，包括用户账户，集团账户，电脑、打印机、共享文件夹和sub-OU。一旦这些对象放置在容器OU中，一系列的行政设置可以设置在。

OU Active Directory中的对象使整个域的规划和管理更加灵活的优势，充分发挥"分层的责任，授权的自治"。换句话说，你是一个管理单元小于一个域，如果我们好好利用OU，我们可以避免复杂得多域架构的形成。纯粹的逻辑概念，可以帮助我们简化管理。可以包含各种各样的对象，可以简单而高效的使用域模式OU管理系统。

（1）OU（组织单元）与组账号的区别。OU和组账户管理域内对象的模式，和OU管理更多的对象，而组账户只有文件夹管理用户账户的不可能。

当组账号删除，用户账户之间的逻辑关系由集团管理的账户将被打破，消失，而用户账户本身并不会消失。然而，在OU是删除，设置在OU和对象的信息添加到相应的管理将被删除。

（2）OU与域的关联。域是安全的边界，域是操作系统全部连接到计算机并登录计算机用户账户的综合管理，是建立在activedirectory中最全面、最完善的网络管理模式，用户访问计算机需要登录域才能进入OU。

有特定的逻辑域模式和管理模式是依赖于领域。

举例来说，一个企业，受到各种环境、各种设备、各种人员、一切工作，在企业的四周筑墙，这堵墙就是领域，墙内的一切都受到保护，而且墙内都有自己的天地，互相协调、互相帮助，所有的外墙都受到限制，进入企业必须经过安全和授权。

在本企业有自己的分工，有自己的职权范围，最重要的是每个员工都属于一个部门，由于企业的管理模式、工作类型，权力范围对不同类别的工作都有一定的监管要求。因此成立了各种专业部门，通常都有技术、人事、财务等部门。

有一定数量的员工在一个部门，部门的特种设备，其独特的管理，统一服装，特殊的办公环境，独特的安全管理规定。

通过这些我们可以看到大量的员工在企业分配给每个部门，每个部门都有自己的相对独立的管理模式。这些单个部门是我们所说的OU（组织单元），每个部门和个人管理规范的组织策略，稍后我们将介绍。

二、域和子域的建立

（一）Active Directory 创建域控制器

Windows Server 2008的活动目录服务与以前版本的不同之处在于，它可以通过添加初始化"服务器管理"的角色。

（1）选择启动管理工具服务器管理器命令，显示服务器管理器窗口，然后单击列表中的角色选择左边的服务器管理器。

（2）启动添加角色向导。检查活动目录域服务列表中的服务器角色和一个对话框会自动弹出。

净框架功能是必需的，因为活动目录必须支持这个特性在Windows Server 2008上。

因此，您必须单击添加所需的功能按钮，返回到选择服务器角色对话框中，单击next，然后按照安装向导的下一步的安装。

当安装结果对话框，如果没有错误，活动目录安装准备完成，但因为电脑不是功能齐全，活动目录安装向导（dcpromo.exe）提示启用安装。可以直接进入安装向导，点击关闭该向导并启动活动目录域服务安装向导（dcpromo.exe）或手动点击关闭后打开活动目录安装向导。

（3）运行dcpromo命令安装活动目录服务。

在安装Windows Server2008操作系统在网络服务器上，使用点命令来启动安装向导active directory。

单击ok后，启动活动目录域服务安装向导，并单击next。

（4）操作系统兼容性"弹出对话框，并单击"下一步"按钮。

（5）进入"选择某一部署配置"对话框，安装向导提供了活动目录安装模式，包括现有的活动目录添加一个域控制器（现有的森林）和一个新的活动目录（新领域的一个新的森林）。

（6）然后点击"下一步"按钮显示"名森林根域"对话框并输入新根域abc.com的名称"森林根目录域的FQDN"文本框中。

（6）然后单击"下一步"按钮，显示"命名林根域"对话框，在"目录林根级域的FQDN"文本框中输入新根域的名称abc.com。

（7）单击"下一步"按钮，显示"设置林功能级别"对话框，在"林功能级别"下拉列表框中选择欲使用的安装模式。

（8）点击"下一步"，弹出"其他域控制器选项"对话框。DNS服务器在默认情况下是安装在lingen服务器上，如果使用一个单独的DNS服务器的网络，您可以取消DNS服务器复选框。

（9）单击"下一步"这时系统会检查本系统是否是静态IP地址，查找DNS的父区域。我们使用静态IP地址。

（10）点击"是"，继续"下一个"显示"位置的数据库、日志文件和SYSVOL"对话框。建议这三个文件夹分别存储在不同的物理磁盘上，以确保数据安全性和提高Active Directory的性能。

（11）单击"下一步"按钮显示"目录服务恢复模式的管理员密码"对话框，并建议密码符合强密码策略的要求。

（12）单击"下一步"显示"摘要"对话框；显示活动目录的设置信息，您可以导出并保存为一个文本文件使用出口设置按钮。

（13）单击"下一步"按钮，如果您选择"重新启动完成后"复选框，您可以自动重新启动你的电脑安装完成后。

（14）安装完成并显示"完成activedirectory域服务安装向导"对话框。单击finish按钮，关闭安装向导，重新启动你的电脑，和活动目录安装成功。

（二）创建子域控制器

现在，我们已经向您展示了如何创建一个新的域控制器，让我们向您展示如何创建一个子域。首先，确保主域控制器，然后打开工作组计算机做以下配置。

IP地址：192.168.1.2。

子网掩码：255.255.255.0。

DNS地址：192.168.1.1（写主域控制器的IP地址）。

（1）单击"开始—运行"，进入点，活动目录域服务安装向导对话框。

（2）单击"下一步"，出现的对话框中选择一个特定的部署配置。我们选择"现有森林"，因为我们现在子域名，一个新的域控制器，但想要建立在现有的森林，所以选择"新领域现有的森林里"。

（3）这里输入父域主域控制器的管理员和密码（我们在第一种情况下建立的主域），写入父域的域名abc.com，在输入凭证对话框中输入主域控制器的用户名和密码。

（4）点击"确定"，与父域名建立联系，出现"名称新域名"对话框，在"父域名FQDN"文本框中写入父域名DNS abc.com的名称，可以写入子域名，在"新域名FQDN sub.abc.com"中可以看到，这是我们要建立的子域名。

（5）点击"下一步"，系统开始验证域名。

（6）系统验证的域名之后，"域NetBIOS名称"对话框。在域NetBIOS名称文本框中，输入的NetBIOS名称子区域控制器——阿苏卡。

（7）单击"下一步"后出现的对话框

（8）单击"下一步"后面出现的对话框，选择与服务器所在的站点。

（9）点击"下一步"后出现的对话框中，为该控制器选择其他选项。

（10）点击"下一步"后出现的对话框中，选择相关的数据文件的存储位置控制器。

（11）完成子域的建立。它会创建一个"消化"的子域。

（12）如果上述总结不符合要求，我们可以单击"上一步"来修改它。如果满足所有的需求，点击"下一步"完成活动目录域服务器安装向导，也就是说，完成子域名sub.abc.com的配置。

三、客户机加入域

如何将计算机添加到域，我们可以将任何计算机添加到域在以下方式。例如，如果我们想将计算机添加到域（前提是没有问题与数据通信网络），我们需要做以下：

（1）调整TCP / IP协议的性质使DNS域的DNS服务器。

（2）正确，点击我的电脑，单击"计算机名"选项卡。

（3）单击"改变"命令按钮并输入计算机名和添加的域名。

（4）单击"ok"，输入用户名和密码与操作的权利。

（5）单击"确定"。重新启动计算机，并将计算机添加到域完成。

将计算机添加到域后，我们可以有效地管理计算机在域服务器上。或，在客户机上，有效地管理其他电脑或域服务器的active directory项目网上邻居。如果h1是GS.com的管理员，他现在可以管理域中的计算机，包括域服务器。这种管理是进行任何计算机在域作为管理员登录后，而不是遍历每台计算机就我个人而言，这充分体现了管理的优势领域工作模式。

第三节 组策略的应用

组策略（GP）是一个系统管理员定义的机制对于计算机用户控制应用程序，系统设置和管理模板。这也是一个管理工具来管理用户设置和计算机设置在网络中。组策略管理政策基于团体（组织单元、域、网站）。它存在于一个MMC管理单元的形式在Windows中，它可以帮助系统管理员采用集团战略为整个计算机的逻辑元素或Microsoft active directory Windows NT 4.0以来，已经相当完美的Windows 2000，Windows 2008。

一、组策略与组策略对象

组策略是一个修改的系统控制面板和注册中心之间。它是一个工具，设置项目。一些常用的系统，外观，网络设置等通过控制面板我们可以改变，但是我们肯定是不满意，因为控制面板也可以改变一些东西；用户水平略高然后通过修改注册表设置。我们知道，注册表是一个数据库来存储系统和应用程序配置窗口。随着Windows功能成为富裕，注册表已越来越多的配置项。

许多这些配置都是可定制的，但他们是分散在注册表，可以困难和繁琐的手动配置。组策略收集系统成各种配置的重要配置功能模块，可直接使用的管理人员，以促进计算机的管理。组策略使用自己的完善的管理和组织方法来管理各种对象的设置，其中包括的内容比控制面板。安全是高达控制面板，在组织和可操作性比注册表。

（一）组策略的功能

组策略是一个重要的一部分活动目录（active directory）的关键内容。使用组策略可以简化和简化工作。与集团政策，用户可以设置不同的配置，包括桌面配置和安全配置。例如，您可以自定义提供程序，桌面内容，和开始菜单选项为特定用户或用户组，或者您可以创建特殊的桌面配置在整个机器。简而言之，组策略的集合系统变更和配置管理工具在Windows。

对于Windows 9 x / NT用户，都知道"系统策略"的概念，事实上，集团战略是一种先进的系统战略的延伸，它是由Windows 9 x / NT"系统策略"，有更多的管理模板，更灵活的设置和更多的功能，主要应用在Windows 2000/ XP /2003/7/2008操作系统。而系统的政策只有写注册表的功能键，组策略可以实现更多的功能。

早期的系统政策运行通过定义一个特定的波尔（通常config.pol）文件通过一个策略管理模板。当用户登录时，它覆盖在注册表中设置。当然，系统策略编辑器还支持对当前注册表，以及连接到一个网络计算机及其注册表设置。

组策略及其工具进行直接修改当前注册表。在这里，windows2000/XP/2003系统的网络功能是最重要的功能。因此它的网络功能自然是必不可少的。因此组策略工具还可以在网络上打开计算机进行配置，甚至打开activedirectory对象（即站点、域或组织单元）并对其进行设置。这是不可能的，之前的系统策略编辑器工具。

当然，"系统策略"还是"组策略"，其基本原则是在注册表中修改相应的配置项实现配置计算机的目的，但他们的一些运行机制发生了变化和扩展。

（二）组策略的内容

电脑业务策略可以配置在两个方面：计算机配置和用户配置。"计算机配置"是整个计算机系统配置设置，它是当前计算机在所有用户的操作环境是有效的；"用户配置"是当前用户的系统配置设置，它只适用于当前用户。例如，"计算机配置"和"用户配置"提供设置禁用自动播放，但是效果是不同的。如果这个函数是选择"计算机配置"，那么所有CD自动操作功能将被禁用的用户；如果选择此功能在用户配置，只有该用户的光盘自动运行功能被禁用，和其他用户不受影响。

计算机配置和用户配置冲突时，电脑配置优先级。所有设置的配置下，它将被保存在注册表中相关的物品。电脑配置保存到注册表HKEY_LOCAL_MACHINE子树，和用户配置保存到HKEY_CURRENT_USER。在Windows 2008，Windows 2003，集团政策通常放置在"系统安装：\ Windows \ system32系统\ Group Policy"文件夹和文件名gpedit.msc。

组策策略分为两个主要部分：计算机配置和用户配置。每个部分都有自己的独立，因为他们是配置了不同的对象类型。计算机账户部分控制计算机账户和用户控件的用户账户配置部分。有些配置相同的配置在计算机部分和用户部分相同的配置，和他们没有被执行。如果你想为你的计算机账户配置选项启用，启用你的用户账户，您必须设置它在计算机配置和用户配置部分。总之，设置下电脑配置仅适用对象，并设置在用户配置仅适用用户对象.

分别展开"计算机配置"和"用户配置"会发现还有以下三个项目。

（1）软件设置：用于管理和维护安装软件。

（2）Windows设置：专为系统或用户编写的脚本，系统安全等。

（3）管理模块：主要用于系统、网络设置Windows组件和其他内容，但也可以添加或删除管理模块。

组策略是一个重要更新和配置管理技术提供了在Windows 2008。结合域或组织单元，它可以控制和管理域用户的工作环境和计算机网络中。它有成千上万的配置，主要包括以下功能：用户工作环境设置，安全设置，软件安装和拆除，脚本设置，文件夹重定向。

在域环境中，可能有数百个集团政策，可以创建和active directory中存在和活动目录，一个集中控制技术，可以实现整个计算机的控制和管理，用户和网络基于组策略。在活动目录我们可以为网站创建组策略，域，和你不同的管理需求，并允许每个站点，域名，或者同时设置多个集团政策。

（三）创建和链接组策略对象

组策略设置存储在组策略对象（GPO），这意味着集团政策是由特定的组策略对象实现。根据组策略对象的范围，它可以分为以下两种类型。

本地组策略对象：它只存在于一个电脑，只能为本地用户和计算机。

活跃Dirctory组策略对象：存储在控制器和只在活动目录环境中使用，适用于用户和电脑的网站，域名、组织和组策略应用于组织。

当多个策略分组时，执行的顺序是本地组策略，活动目录网站政策，对active directory域策略，组织单元政策active directory。这些政策不一致时，政策应用后将覆盖前一个。活动目录层次结构的每一层，可以链接一个、多个或没有组策略对象，如果一个组织对象链接到多个组策略，则按照管理员确定的顺序处理，其优先级高于先前位置的组策略。

下面我们就说明如何建立组策略和连接组策略。

（1）在Windows Server 2008上，以管理员身份登录，依次选择"开始"—"管理工具"—"组策略管理"。

（2）进入组策略管理界面，选择"组策略管理"—"森林：thw.com"—"域"—thw.com xuesheng，右键单击xueshengOU（组织单元），并选择选择"创建在这个领域GPO链接"在弹出菜单。

（3）在弹出的对话框中为新建立的GPO起个名字，例如：software OU。

（4）右键单击新创建的软件或和从弹出菜单中选择编辑对话框。然后去管理组策略编辑器。

二、通过组策略定制工作环境

（一）修改登录用户的桌面

桌面主屏的面积，你看到当你打开你的电脑并登录到Windows。就像真正的桌面，这是用户的工作表面。当您打开一个程序或文件夹，他们出现在你的桌面。你也可以把物品（如文件和文件夹）在你的桌面和随机安排。有时，桌面的定义是广泛的，包括任务栏和窗户边栏。任务栏位于屏幕底部的，显示运行程序和它们之间切换。它还包含启动按钮，使访问程序，文件夹，和计算机设置。侧边栏位于屏幕的一边，包含被称为小部件的小程序。

如何建立一个统一的桌面壁纸。

（1）打开组策略编辑器，在左边的目录树中，选择"用户配置"—"政策"—"管理模板：政策定义从本地计算机检索（AIMX文件）"—"桌面桌面"为了显示桌面配置正确的观点。

（2）选择启动Active Desktop。

（3）建立统一的巢表面壁纸（墙纸已事先存储在共享文件夹）。

（4）设定用户不能自行修改桌面。

（5）登录客户端用户由集团政策和统一的桌面墙纸。

（二）配置用户的收藏夹和链接

组策略可以用来有效地管理使用的IE用户上网时，禁用导入/导出收藏夹等禁用更改高级选项卡，禁用邮件快捷菜单自定义标题栏等。这是通过配置用户的收藏和链接。

（1）找到"用户配置"—"策略"—"Windows设置"—"Internet Explorer维护"选项。

（2）显示视图中选择的URL，然后在右边，你会看到两个选项配置URL。双击最爱和链接，"最爱和链接"对话框将弹出。

（3）选择收藏，点击添加URL和细节屏幕弹出。在这个时候，我们可以添加输入URL名称和URL地址。我们以百度为例。

所以百度将出现在用户的收藏夹，然后意识到最爱的统一配置。

（三）取消密码复杂性的要求

在Windows Server 2008系统中，密码复杂性要求很高，其安全系数更高更复杂的密码。然而，也有缺点。密码越复杂，越难记住。因此，许多普通用户抱怨的密码太长了，容易忘记。这里我们解释管理员可以取消密码系统中负载的要求通过修改域控制器安全策略。简单的密码可以在确保安全的前提下使用，如下。

（1）打开"组织政策管理器"对话框，选择"计算机配置"—"政策"—"Windows设置"—"安全设置"—"账户政策""密码策略"。

（2）双击"密码必须符合复杂性要求"，选择"已禁用"。

（四）设置硬件访问控制策略

1．可移动存储访问策略

随着移动存储设备越来越普及，移动存储空间越来越大，病毒的传播也可以通过移动存储。因此移动设备的管理难度越来越大，随着CD和DVD管理中的新问题，Windows Server 2008由集团政策控制访问移动设备和硬件设备的安装。

（1）打开"组策略管理"窗口中，右键单击默认域策略，并从快捷菜单中选择"编辑选项"。

（2）点击"编辑"和"组策略管理编辑器"窗口会弹出。

（3）选择"计算机配置"—"政策管理模板"系统可移动存储访问选项在左侧目录树的"组策略管理编辑器"窗口。

（4）在"移动存储访问"面板中，右键单击"CD和DVD：拒绝访问"的政策，从快捷菜单中选择"属性"，显示"CD和DVD：拒绝访问属性"对话框。点击单选按钮以启用策略启用。单击ok关闭CD和DVD：拒绝读权限属性对话框。以同样的方式，您可以设置"CD和DVD：写否认"的政策。

2．部署"禁止安装可移动设备"策略

上述策略可以使设备安装在电脑，我们已经部署到禁止访问，这里是不允许安装设备的部署。

打开"组策略管理"窗口中，右键单击默认域策略，从快捷菜单中选择"编辑"，打开"组策略管理编辑器"窗口，并选择"计算机配置"，"政策"，"管理模

板""系统"和"设备安装设备安装限制"先后在左侧目录树的组策略编辑器。在正确的选项，选择"禁止移动设备的安装"，"禁止安装移动设备属性"的形式出现，并选择"启用"单选按钮，使这一政策。这一政策已广泛应用，应小心使用。

（五）组策略文件夹重定向

文件夹重定向功能组策略的文件夹重定向文件，桌面、开始菜单和应用程序设置在用户的电脑从本地目录（C：\文档和设置）服务器上的共享目录。当然，也可以扩展到我们想重定向的任何文件夹，如QQ聊天记录，即将用户的文件夹存储位置转移到网络上的域控制器或其他主机，实现数据的统一备份和管理。

有这个功能，我们可以实现文件夹后，也就是说，用户的设置和数据保存在服务器上，不管你在哪里登陆，这些文件夹将跟随用户的计算机。使用文件夹重定向的优势是，本地用户流程文档，完成的文档存储在文件服务器上在他或她自己的名字，没有人可以查看或做其他任何事，除了自己。

有两个选项设置文件重定向：基本的和先进的。每个账户的基本策略是将文件夹重定向到同一个位置。高层的政策是为每组指定一个不同的特定的重定向。

文件夹重定向有两个安全策略：首先是授予用户专有权。如果这个选项被选中，只有用户完全控制他/她的文件夹。其他用户，包括系统管理员，没有任何访问权限，包括查询、修改、删除，等等。第二个是原始文档的管理。如果勾选此项，在原始文件夹的文件也将移动到文件夹重定向。

我们来做文件夹重定向。

（1）创建一个新文件夹在文件服务器和共享文件夹的共享权限，每个人都有完全控制。

（2）编辑的文档文件夹的重定向组织单元caiwu在域控制器上的组策略管理工具。

（3）作为组织单位用户登录ZLQ在客户机上。你可以看到文档根目录文件夹重定向了。

三、禁止程序在网络环境下的执行

（一）网络环境下禁止程序运行概述

在网络应用程序中，经常有一些要求，比如禁止一些用户运行一个程序，更多的特殊要求，这些用户无论哪个电脑登录，禁止运行的程序要求是有效的。这对于网络管理员提供了一个挑战，这部分描述了管理与组织策略的方法。

（1）在禁止程序运行上有下述几种方法。

①证书规则：软件限制策略可以识别文件的签名证书。证书不能用于文件的规定。或。DLL扩展。他们可以应用于脚本和Windows安装程序包。您可以创建证书识别软件，然后根据级别的安全性，决定是否允许软件来运行。

②路径规则：路径规则识别程序的文件路径。因为这个规则指定的路径，路径规则是无效程序移动时。环境变量，如%programfiles%或%systemroot%可用于道路规则。的路径规则也支持通配符*和？。相对于其他规则，这个规则设置更加灵活和方便。

③哈希规则：散列值是一个固定长度的字节序列，唯一地标识一个程序或文件生成的散列算法。特别是，任何篡改文件将会改变其散列值，并允许它绕过限制。但重命名或移动操作不影响散列值。

④网络区域规则：这条规则主要用于软件安装使用Windows安装程序技术，因为通过这个规则，我们可以采取不同的软件安装程序从不同的网络区域限制。

（2）在默认情况下，系统默认为我们提供了以下常用的安全级别。

①不允许：软件不能运行。这个级别不包含任何文件保护操作。只要用户有权修改文件，它可以读取、复制、粘贴、修改、删除等操作对文件设置为"不允许"，和组策略不会阻止。

②不受限：软件运行具有完全权限的用户登录到计算机。这个水平不等于完全无限制，不是受到额外的限制软件的限制政策。事实上，当一个"无限制"程序开始运行时，系统将给出程序的父母许可，和程序的访问令牌是由母公司决定的，所以没有比它的父程序将会有更多的权限。

③基本用户：允许一个程序访问普通用户可以访问的资源，但不是管理员。基本用户只有特权"跳过遍历检查"，否认管理员特权。

（3）几个软件限制策略规则可以应用到相同的软件。这些规则将应用（从高到低）以下优先顺序：哈希规则>证书规则>路径>网络区域规则。

例如，如果一个软件程序所在的文件夹路径分配规则与"不允许"的安全级别，散列后的程序能够运行规则的"无限制"的安全级别为项目创建。哈希规则有一个更高的优先级比任何路径规则。

如果两个路径规则应用于相同的对象，更具体的规则的将优先考虑。例如，如果C：\ WindowS \一个路径规则与"不允许的"的安全级别和C：\ WindowS \ System32系统\还有另一个路径规则"无限制"的安全级别，更具体的路径规则将优先考虑。因此，C：\ Windows \软件程序无法运行，而C：\ Windows \ Sy Stem32系统\程序将运行。

如果两个规则适用于软件只在不同的安全级别，最受限制的规则。例如，有两个散列规则，一个具有"不允许"级别的安全性，另一个具有"不受限制"级别的安全性，当它们应用于相同的软件程序时，具有"不允许"级别的安全性的规则被给予优先级。因此程序将不运行。道路规则，此外，总的原则是，更多的规则匹配，优先级越高。

（二）网络环境下禁止程序运行的操作

这里我们以禁止组织单位（caiwu）内的用户运行and.exe为例来说明。

（1）选择"开始"—"策略"—"管理工具"—"组策略管理"，在组织单位caiwu处单击。

（2）单击"编辑"命令，在"软件限制策略"处右击。

（3）单击创建软件限制策略将安全级别设置为默认的无限制的安全水平。

（4）选择另一个规则，点击空间，并选择新路径规则。同时在路径，输入CMD。特定路径。单击ok完成路径设置。

（5）在客户端加入域，登录的用户组织单元caiwu。输入cmd。exe运行酒吧的开始菜单并按enter键来显示用户身份验证接口。

四、软件远程部署

（一）软件远程部署方法

安装软件在网络环境可以麻烦，组策略在域环境中提供了一个简单而有效的解决方案，提供两个设施。

（1）发布：当一个软件发布到用户，组策略生效，和用户登录到任何一台计算机领域，已部署的软件并不实际安装或修改客户端设置，但出现在添加/删除程序。没有配置更改到用户的电脑，也没有在开始菜单或桌面创建快捷方式。用户只能决定是否安装或删除在添加/删除程序。如果用户选择安装，软件会自动从服务器下载和安装在用户的计算机上。

（2）分配：当用户下次启动的电脑，软件将自动下载并安装。登录对话框出现时，软件已经安装。这个时候，软件是安装在用户的电脑上。但是用户仍然可以使用添加/删除程序对话框修复或重新安装软件。这是一个虚拟的灰色ZAP如果用户正在分发数据文件格式。

（二）程序的远程部署操作

（1）在发布软件前，创建一个共享文件夹"共享"在域服务器上，使用的MSI包安装文件复制到这个文件夹并设置适当的访问权限，至少有读权限。第二个是配置客户端和域用户，客户端电脑我们使用Windows XP，确保Windows 2008启用网络发现和文件共享。

（2）在域服务器上作为管理员登录，选择组策略创建的名字caiwu组策略管理编辑，进入组策略管理编辑器，选择"用户配置政策软件设置"—"软件安装"，右键单击"软件安装"并选择"属性"。

（3）单击"属性"。浏览选择软件安装并单击ok完成设置。

（4）右击"软件安装"，在弹出的快捷菜单中依次选择"新建数据包"。

（5）选择要发布的文件，请注意发布必须是网络路径，路径和共享文件的位置可以是一个本地计算机或网络上的任何设备，但有足够的访问权限。

（6）右键单击新创建的包，从快捷菜单中选择"属性"，打开属性对话框的软件发布包。在部署选项卡中设置部署类型。

（7）在客户端，登录caiwu，打开控制面板添加一个新项目，看看程序部署在网络上。

第四节　基于SNMP的网络管理系统

随着计算机网络技术的迅速发展，对网络管理提出了严肃的问题。如何有效地管理异构网络中的网络设备越来越多，所以计算机网络操作的可靠性和安全性变得越来越强，已经成为网络管理者对网络管理系统的基本要求。网络设备供应商的支持SNMP使这成为可能，这将在本节中讨论。

一、网络管理协议概述

在网络建设过程中，大量的不同的模型和制造商的设备，和不同类型的网络连接到对方，这就需要提供一个统一的网络管理系统，全面的界面，实现以下目标：

（1）具有统一的协议和服务，以便管理信息是一致的。

（2）对有标准定义网络性能、安全、配置、计费和失败。

（3）允许添加新的应用程序和服务。

（4）减少不同系统之间交换信息的成本。

1979年，国际标准化组织（ISO）开始研究网络管理的标准化，紧随其后的是国际电报电话咨询委员会（CCITT）。1989年，ISO颁布ISO DIS7 498~4（x.700），它定义了网络管理的基本概念和整体框架。1991年，ISO颁布公共管理信息服务（CMIS）（ISO9595）和公共管理信息协议（生产商）（ISO9596）。生产商的目的是基于TCP/IP的SNMP。

生产商采用面向对象技术，不仅数值属性，而且行为属性。它是一个真正的面向对象技术。然而，与SNMP相比，生产商的实现需要大量的资源，所以生产商没有流行开来。1992年，ISO出版系统管理功能被称为SMF（ISO10164）和管理信息结构称为重度（ISO10165），共同构成了网络管理的标准。标准由ISO是非常强大的，他们也非常复杂，和实施ISO管理是目前非常缓慢。

随着互联网的快速发展，对TCP/IP网络管理的研究非常活跃，和相关的网络管理标准被广泛使用，成为事实上的标准。TCP/IP网络管理的标准，称为简单网络管理协议（SNMP），发表在几个RFC文件在1990年和1991年，即RFC1 155（重度），RFC1 157（SNMP）RFC1 212（MIB定义），和RFC1 213（mib-2规范）。因为SNMP v1太简单、安全性和管理的制度并非完美无缺。几年后是第二版的简单网络管理协议（SNMP v2）中定义的文档RFC1902-RFC1 908。SNMP v2结合RMON和改善SNMP安全性和性能的其他内容。

除了上述两个网络管理标准，有IEEE定义局域网（LAN / MAN）管理标准ieee802.1b和电信网络管理标准，TMN（M.30推荐blue book），由1989年ITU-T满足电信网络管理的需求。

二、基于 SNMP 的网络管理系统基础知识

计算机网络管理系统的软件系统管理网络。计算机网络管理就是在网络运行过程中收集各种静态和动态信息成分，并根据这些信息进行分析和处理，以保证网络的安全、可靠、高效运行，合理分配网络资源，动态配置网络负载，优化网络性能，降低网络维护成本。

（一）网络管理系统的基本构成

典型的网络管理系统由四个元素组成：管理应用程序、管理代理、管理信息基地，和代理服务设备。

（1）管理应用程序：实现网络管理的实体，位于管理工作站。它是整个网络的核心系统，完成复杂的网络管理功能。网络管理系统需要管理代理定期收集重要的设备信息，这将被用来确定一个单一的网络设备，网络的一部分，或整个网络正常运行。

（2）管理代理：网络管理代理是一个软件模块，它驻留在网络设备（可UNIX工作站，网络打印机，或任何其他网络设备），可以获得关于运行状态的信息，设备特点、系统配置等当地的设备。网络管理代理的作用是充当中介管理系统和管理代理软件托管设备，管理设备通过管理信息数据库中的信息（MIB）的控制设备。

（3）管理信息库：它存储在存储管理的对象。图书馆管理是一个动态更新的数据库，包括网络设备的配置信息，统计的数据通信，安全信息和特定于设备的信息。动态信息发送给经理，成为网络管理系统的数据源。

（4）代理服务设备：代理设备作为一个标准的网络管理软件和系统之间的桥梁，不直接支持标准协议。与代理设备，从旧的协议过渡到新版本升级就能达到整个网络。

（二）网络管理系统的体系结构

网络管理系统基于网络管理的工作方式不同，通常分为两种结构：是采用平台为中心的工作模式，通常称为集中式架构，单一管理者的工作模式分为管理平台和应用两部分，管理平台是信息采集和处理的主要功能，管理平台是信息分析

的管理平台，可以借鉴决策信息，发布命令，您还可以使用这些来处理信息来执行更高级的功能。

其他的体系结构是分散的。分级方法和分销网络管理体系结构的主要内容。方式是指将整个网络的管理划分为各个域，然后在域中设置一个管理器，每个域的管理器可以是真实的人，也可以是虚拟化的管理器，管理器使用密钥或其他管理员登录访问管理界面，网络管理，管理器不一定是固定的对象，但必须掌握管理员的协议，没有系统安全隐患可以登录管理界面，否则它是非法入侵系统。

管理员通常不直接与对方沟通，但是通过一个上层的妈妈。分层模式可以通过添加一个加深妈妈，这是相对可伸缩。

分布式意味着整个管理系统分为多个管理政党，其地位和作用是相等的，网络中同时存在。每个经理管理一个特定系统的一部分，他们可以相互通信或通过高级管理人员相互协调。

在计算机网络管理中，选择什么样的管理架构，主要应根据实际需要确定。目前，网络管理的不断发展，一种新的网络管理结构，集成两个系统的优点正在讨论中。目前，它在技术不够成熟。相信在不久的将来，这个新的网络管理结构将变得成熟和广泛应用和技术的发展。

（三）计算机网管系统的发展趋势

今天的计算机网络管理系统已经开始渗透到应用程序级别。对象，传统的计算机网络管理系统注重的是各种各样的网络设备在网络层。SNMP是用来控制和管理设备，围绕设备或设备集。现在用户在互联网上更多的应用程序，应用程序对网络带宽的需求越来越高。

一些应用程序服务需要时间敏感数据传输，例如实时音频视频传输，而另一些则更少的时效性。因此，在现有网络带宽受到限制的情况下，为了更好地利用带宽资源，必须从不区分服务内容的传输改为根据服务内容向每个应用提供高质量的服务，这也称为服务质量。网络管理吸收了这个想法，并开始渗透到从网络层到应用层的控制。RM0N2在这方面进行了尝试，也是网络管理系统的一个重要变化。

然而，尽管网络管理技术的多样性和特点，标准化活动的发展和需要系统互联，网络管理有以下的发展趋势。

1. 实现分布式网络管理

分布式对象的核心是解决跨平台问题的连接和交互的对象实现分布式应用系统。CORBA OMG提出的是一个理想的平台。分布式网络管理是建立一定数量的域管理过程域管理过程负责的域对象的管理，和过程协调全球网络管理和交互来完成。这样，不仅中央网络管理负载减少，而且网络管理信息传输时间延迟的降低，使管理更加有效。目前，分布式技术主要是研究从两个方面：一是使用CORBA技术；另一种是利用移动代理技术。

基于CORBA的网络管理技术目前处于研究阶段。移动代理技术只在个别地区也被研究过。当市场和网络管理应用程序仍然是未知的。因此，在不久的将来，集中式和分布式网络管理模式可用于实现集中管理的管理功能和数据收集和分发。换句话说，一个管理站执行数据表示和管理，并采用分布式方法获取数据采集，这会消耗大量的内存和占用大量的带宽。实现方法是管理车站分布的功能代码。在网络层网关发现后，代码发送到网关同时实现子网的数据收集，以减少管理的负担，减少管理终端网络的拥塞。

2. 实现综合化网络管理

综合网络管理需要网络管理系统提供多层次的管理支持。通过一个平台来实现每个子网的角度；的知识管理服务和支持故障定位和故障排除，即互联网络的管理。随着网络管理的重要性，各种网络管理系统出现了。这些管理系统是那些管理SDH网络，那些管理IP网络，等等。

一方面，网络，这些网络管理系统管理的相互关联或相互依存的。另一方面，有多个网络管理系统，这是相互独立的，负责网络的不同部分。这大大增加了网络管理的复杂性。如网络电视，它需要管理几个方面：数字中继传输、光缆线、电源前端和sub-front-end电源室、空调环境的监测和维护，数据库和数据交换信息服务，前端程序源和视频，音频设备和HFC接入网集成，等等。

是被管理的对象，因为网络管理系统是不实用的，因为不仅不同种类的设备和它们的属性非常不同，而且它们之间有一定的关系，针对这个问题，可以将它们放入不同的网络管理系统中，在顶部然后使用一个综合的网络管理系统，以便于管理。有两种方案实现综合网络管理系统。一是建立综合网络管理系统基于不同情况下的专用子网管理系统,建立了另一种是直接建立一个综合网络管理系统。但在我国，网络电视并不成熟，所以适合采用第二种方法。因此，未来网络管理必须注重全面发展。

3. 实现对业务的监控功能

传统的网络管理是网络设备管理，不能直接反映设备故障对业务的影响。目前，一些网络管理产品实现过程的监视，但一些服务，尽管服务已经终止，但是这个过程仍然存在，不清楚显示的监控服务。对客户来说，他们关注他们接收到的服务，如项目的数量和项目的质量，服务和业务的监控将网络管理的进一步管理目标。

4. 实现智能化管理

支持策略管理和网络管理系统本身自我诊断、自我调整。人工智能技术的使用维护、诊断、故障排除和维护网络运行在最佳状态已经成为一种不可避免的趋势。当网络管理和用户需求没有直接联系；当网络性能变化时，有必要使用智能方法来监控相关的网络资源性能退化和执行必要的操作。

5. 实现基于Web的管理

监视和控制网络和子网的管理功能在网络任何节点使用一个Web浏览器。基于web的管理吸引了越来越多的用户和开发人员的统一、友好的用户界面风格、地理和系统灵活性和系统平台独立性。

目前计算机网络管理功能才意识到这个网络管理系统功能开发和应用部分，有一定的差距从整个计算机网络管理功能的实现，在未来可能会在这方面进一步的研究和发展，以完善其管理。

（四）常见的基于SNMP的管理软件

1. 惠普公司的HP Open View

惠普Open View惠普，开发的是一个网络管理平台是一个开放、模块化和分布式网络/系统管理解决方案在当前流行的网络管理领域。它集成了网络管理和系统管理的优势，和他们有机结合形成一个完整的管理系统。作为行业领先的网络管理平台，网络节点管理器和网络节点管理器扩展拓扑一起构成了行业最全面、开放、广泛的和易于使用的网络管理解决方案。解决方案可以管理了第二层和第三层路由集成环境。

网络节点管理器和网络节点管理器扩展拓扑让用户知道当问题发生在他们

的网络和帮助他们解决问题之前，成长为一个严重的失败。与此同时，他们可以帮助用户智能收集和报告重要的网络信息和网络的发展计划。网络节点管理器可以自动搜索用户的网络来帮助用户了解他们的网络环境。分析问题的根源在第三层和第二层的环境。提供故障排除工具，帮助用户快速解决复杂问题。收集主要的网络信息，帮助用户发现问题并积极管理。为用户提供随时可用的报告来帮助他们提前网络扩张的计划。使网络维护人员、管理员和客户远程从任何地方访问Web。大型网络管理通过其分布式架构。提供有针对性的快速识别和诊断问题的事件。提供了一个增强的Web用户界面和一些新的视图动态更新设备状态（此功能需要网络节点管理器扩展拓扑）。提供其他功能，如视图显示设备之间的复杂关系。

2. Cisco公司的 Cisco Works

思科的作品是一系列基于SNMP管理软件提供的思科网络系统管理。它可以集成多个现有的网络管理系统，如Sun Net经理，惠普打开视图和IBM净视图。思科路由器管理工作提供了有力的支持工具。主要为网络管理员提供以下应用程序：它可以执行自动安装任务，简化手工配置。提供调试、配置、拓扑和其他信息，并生成相应的Drofile文件。提供动态数据、状态和全面的配置信息及基本故障监控功能。收集网络数据并生成图表和交通趋势提供性能分析。它的功能安全管理和设备管理软件。

3. Solarwinds

Solarwinds改变了各种规模的公司的方式监控和管理他们的网络。这不是和惠普Open View或BMC一样强大，但是它有一些大的优点。首先，价格便宜，这是每个企业需要考虑的一个重要因素。第二，它操作简单，方便的配置。惠普Open View等软件不同，这就需要专门的人员配置，界面非常友好和高度逻辑，和普通技术人员可以操作它。此外，该设备只需要开放的SNMP管理，不需要安装代理，不需要重启，也不影响当前的业务系统。同时，Solarwinds网络管理分为三个主要功能：故障和性能管理、配置管理、网络管理的必要工具集成。

4. 游龙科技Site View网络管理系统

eView是中国自主研发的科学技术，专注于故障诊断的网络应用和监控管理系统运行水平的绩效管理，主要服务于各类规模企业内部网和网站，可广泛应用于局域网、广域网和互联网服务器、网络监控设备和关键应用。eView产品包括ITSM：IT服务管理；综合系统管理；网络设备管理；LM：系统日志管理；互联网行为网关；DM：桌面管理；虚拟局域网VLAN：TR069：智能设备管理。

Site View具有以下特点：网络、服务器、中间件、数据、电子邮件、WWW系统，DNS服务器，文件服务、电子商务等应用程序的实现全面监控；Non-agent，集中监控模式，监控机器不需要安装任何代理软件；监控跨异构的操作平台。监控平台包括各种UNIX，Limix和Windows NT /2000系统；故障实时监测报警，报警可以发送通过短信、邮件、语音、电话语音卡和其他方式；网络标准故障的自动诊断和恢复；自动生成的网络拓扑结构，快速获取和更新网络拓扑结构；网络应用程序拓扑直观地展示了真实网络环境的操作状态。标准化和个性化报告系统可以被发送到邮箱的网络管理人员定期；智能模拟用户行为监控业务流程（如在线图书购买、网上纳税申报，网上年检，等等）。该系统采用分布式体系结构，支持多种语言。

三、Site View NNM 管理控制台简介

Site View NNM是一个网络设备管理软件专门为中国发达的网络管理人员。它完全支持SNMP，v2，容易进口MIB库，并提供设备的远程操作面板图。Site View NNM提供了一个全面的动态的网络拓扑搜索所有子网内的网络，实时显示网络设备的操作和资源利用率，服务器和电脑设备。Site View NNM包括拓扑管理、设备管理、IP资源管理、报警管理、监测报告、日志和系统设置。系统的优势领先技术和稳定运行。同时，它也是一个拓扑自动发现与快速搜索软件，完整的数据，功能强大，性价比高。

启动程序后，登录到Site View NNM接口。Site View NNM架构是一个系统微软管理控制台。它统一和简化日常系统管理任务Site View NNM通过提供常见的窗口、菜单、工具栏、酒吧、描述等不同模块（也称为管理单元）。MMC本身不执行管理功能，但主机中的各种snapulets Site View NNM能够执行管理功能。

（一）标准菜单

包括5个菜单选项，即文件、行动、看来、窗口、帮助、他们的角色如下。文件菜单执行磁盘清理清理配置文件时，系统自动保存一个用户更改MMC的观点。

操作菜单对应的操作面板，当前可用的操作是一样的那些在操作窗格中。

视图菜单工作结果窗口。它包括添加/删除列表、大图标、小图标、列表、详细的信息，和自定义视图。

窗口包含一个新窗口，窗口布局和当前打开的窗口。窗口安排才有效，如果有两个以上的当前打开的窗口。

帮助菜单提供了帮助文档Site View NNM。

（二）控制台树

树的层次结构是MMC窗口的左窗格，控制台树。这棵树显示所有的功能模块Site View NNM。单击标准工具栏来显示或隐藏的树。

树由根节点、分支和叶子。树中的根节点只有一个文件夹标为"控制台根节点，分支是Site View NNM功能模块，点击一个模块并检查其内容，点击关闭，叶子不包含其他项目类型，即树的分支的底部，和功能模块的底部，点击叶子，系统将在结果窗格中显示列表的功能、文本或图形信息。

这棵树快捷菜单可以在操作窗格中找到。

（三）结果窗格

中央面板MMC，总是可见的，是不能隐藏的。此窗格显示当前选择的对象和内容的信息功能模块在控制台树，包括列表、表格、图形等。当你点击一个不同的功能模块在控制台树，结果窗格中的信息相应的变化。

（四）操作窗格

它位于右边的MMC和列表当前可用的行动基于当前选中的模块在控制台树，结果窗格中，看到操作窗格。项目执行操作也可以通过右键单击访问或从标准菜单中执行操作，但正如我们上面介绍的那样，我们不会详细对这两种操作。单击标准工具栏上的绘图显示或隐藏的操作面板。

参考文献

[1]Spence R.信息可视化：交互设计.陈雅茜，译.北京：机械工业出版社，2012.

[2]高汉中，沈寓实.云时代的信息技术：资源丰盛条件下的计算机和网络新世界.北京：北京大学出版社，2012.

[3]Zaharia M，Chowdhury M，Das T，et al.Resilient distributed datasets：A fault-tolerant abstraction for in-memory cluster computing.San Jose：Proceedings of the 9th USENIX Conference on Networked Systems Design and Implementation，2012.

[4]Zaharia M，Chowdury M，Franklin M J，et al. Spark：Cluster computing wiih working sets.Boston：Proceedings of the 2nd USENIX Conference on Hot Topics in Cloud Computing，2010.

[5]Zhao Y，Hategan M，Clifford B，et al.Swift：Fast，reliable loosely coupled parallel computation.Salt Lake City：IEEE Workshop on Scientific Workflows，2007.

[6]Zheng Q L，Fang M，Wang S，et al.Scientific parallel computing based on Mapreduce model.Microelectronics and Computer，2009.26（8）：13~17.

[7]金小鹿.驯服大数据的4个V.中国计算机报，2012（38）：7.

[8]雷葆华，饶少阳，张洁，等.云计算解码.2版.北京：电子工业出版社，2012.

[9]雷万云.云计算：企业信息化建设策略与实践.北京：清华大学出版社，2010.

[10]李国杰.大数据研究的科学价值.中国计算机学会通讯，2012（9）：8~15.

[11]李志刚，朱志军，佘从国，等.大数据：大价值、大机遇、大变革.北京：电子工业出版，2012.

[12]刘鹏.实战Hadoop：开启通向云计算的捷径.北京：电子工业出版社，2011.

[13]刘鹏.云计算.北京：电子工业出版社，2010.

[14]王鹏.云计算的关键技术与应用实例.北京：人民邮电出版社，2010.

[15]维克托·迈尔·舍恩伯格，肯尼斯·库克耶.大数据时代.盛杨燕，周涛，译.杭州：浙江人民出版社，2013.

[16]吴朱华.云计算核心技术剖析.北京：人民邮电出版社，2011.

[17]杨文志.云计算技术指南：应用、平台与架构.北京：化学工业出版社，2010.

[18]张亚勒，沈寓实，李雨航，等.云计算360度：微软专家纵论产业变革.北京：电子工业出版社，2013.

[19]周爱民.大道至易：实践者的思想.北京：人民邮电出版社，2012.

[20]杨威.网络工程设计与安装.北京：电子工业出版社，2003.

[21]王维江，钟小平.网络应用方案与实例精选.北京：人民邮电出版社，2003.

[22]魏大新，李育龙.CISCO网络技术教程.北京：电子工业出版社，2005.

[23]杨卫东.网络系统集成与工程设计.北京：科学出版社，2005.

[24]刘化君.网络综合布线.北京：电子工业出版社，2006.

[25]肖永生.网络互联技术.北京：高等教育出版社.200 6.

[26]斯桃枝，李战国.计算机网络系统集成.北京：北京大学出版社，2006.

[27]余明辉，童小兵.综合布线技术教程.北京：清华大学出版社，2006.

[28]王达.Cisco/H3C交换机配置与管理完全手册.北京：中国水利水电出版社，2009.

[29]赵立群.计算机网络管理与安全.北京：清华大学出版社，2010.

[30]王达.路由器配置与管理完全手册.武汉：华中科技大学出版社，2011.

[31]刘晓晓.网络系统集成.北京：清华大学出版社，2012.

[32]百度百科：http://www.baidu.cn

[33]http://www.xker.com

[34]http://www.cabling-system，com

[35]http://www.miit.gov.cn

[36]搜狐：http://www.sohu.com

[37]游龙科技：http://www.siteview.com

[38]陈鸣.计算机网络工程设计：系统集成方法[M].北京：希望电子出版社，2002.

[39]J.F.Kurose，IC W.Ross.计算机网络：用自顶向下方法描述因特网特色（第

3版）[M].陈鸣译.北京：机械工业出版社，2005.

[40]陈鸣，常强林，岳振军.计算机网络实验教程：从原理到实践[M].北京：机械工业出版社，2007.

[41]R.Pressman.Software Engineering：APractitioner's Approach，Fourth Edition [M].Mc Graw-Hill，2 997.

[42]谢希仁.计算机网络（第5版）[M].北京：电子工业出版社，2008.

[43]West Net Learning Technologies网络分析与设计[M].周常庆译.北京：中国电力出版社，2000.

[44]L.Raccoon.The Chaos Model and the Chaos Life Cycle[J].ACM Software Engineering Notes，vol.20，no.1，January.199 5.

[45]L.Peterson and B.Davie.Computer Networks ： A Systems Approach[M].Morgan Kaufmann Publishers，2000.

[46]P.Oppenheimer.A System Analysis Approach to Enterprise Network Design：Top-Down Network Design [M].Macmillan Technical Press，2 999.

[47]D.Comer.Internetworking with TCP/IP Volume I：Principles，Protocols，and Architecture，Fourth Edition [M].Prentice Hall，2001.

[48]W. Stevens.TCP/IP Illustrated，Volume I：The Protocols [M].Addison Wesley，2 994.

[49]D.Black，Building Switched Networks[M].Addison-Wesley，2 999.

[50]M.Martin.网络精髓——实用与理论[M].北京：机械工业出版社，2000.

[51]M.Miller.Troubleshooting TCP/DP，Third Edition [M].IDG Books Worldwide，Inc，2 999.

[52]T.Ogletree.Upgrading and Repairing Networks，Second Edition [M].Que，2 999.

[53]W.Stallings.Data & Computer Communications，Sixth Edition [M].Prentice Hall，2000.

[54]B.Forouzan.TCP/IP Protocol Suite.[M]. Mc Graw-Hill Companies，Inc，2000.

[55]W.Stallings.High-Speed Networks：TCP/IP and ATM Design Principles [M].Pentice-Hall，Inc，2 998.

[56]陈鸣.Net Ware 386技术大全[M].北京：人民邮电出版社，2 995.

[57]陈鸣.论管理系统的分布化、综合化、动态化和智能化[J].通信学报，Vol.16，No.11，2000.

[58]陈鸣等.综合网管系统的设计方沬及应用实例[J].电子学报，2000年11A期。